U0376719

# 滨海盐碱地适生植物

郭成源　康俊水　王海生　主编

中国建筑工业出版社

**图书在版编目(CIP)数据**

滨海盐碱地适生植物／郭成源等主编. —北京：中国建筑工业出版社，2012.11
ISBN 978-7-112-14739-7

Ⅰ. ①滨… Ⅱ. ①郭… Ⅲ. ①滨海盐碱地－植物－中国－图集 Ⅳ. ①Q948.52-64

中国版本图书馆CIP数据核字(2012)第233701号

责任编辑：孙立波 郑淮兵 杜一鸣
责任校对：陈晶晶 王雪竹

## 编委会成员

| | |
|---|---|
| 主　编 | 郭成源　康俊水　王海生 |
| 副主编 | 周林森　张淑英　扈明明　郝木征　郗金标　邱华玉　马祥梅　阎　平<br>刘立民　陈进福　刘　冰　孙华君　王富献　徐化凌　彭　励 |
| 编　委 | 赵保江　尹建道　童成金　侯鲁文　遥　朋　孙志成　武佳元　王玉明<br>朱　强　李得禄　张彩飞　马存世　刘金星　王君华　李建娜　杨有强<br>秦子敬　丁吉庆（山东淄博）　白善军　洪立洲　邢锦城　万平平 |
| 摄　影 | 郭成源　梁淑贞　孙志成　李得禄　王富献　阎　平　杨红蕾　周永乐<br>朱　强　周小蕾　邱华玉　遥　朋 |
| 总策划 | 郭成源 |

**滨海盐碱地适生植物**

郭成源　康俊水　王海生　主编
＊
中国建筑工业出版社出版、发行（北京西郊百万庄）
各地新华书店、建筑书店经销
北京方舟正佳图文设计有限公司制版
北京顺诚彩色印刷有限公司印刷
＊
开本：880×1230毫米　1／16　印张：10½　字数：325千字
2013年1月第一版　2013年1月第一次印刷
定价：**98.00**元（含光盘）
ISBN 978-7-112-14739-7
　　　　　（22803）

# 前言

盐碱土也称盐渍土，包括盐化土和碱化土二类性质不同的土壤。当土壤表层中的可溶性盐类超过 0.1% 时，即为盐化土壤，当总盐量超过 1% 时，即称为盐土。而当土壤表层含较多的 $Na_2CO_3$ 时，会使土壤呈强碱性，交换性钠离子占阳离子交换量的百分比超过 5% 时，称为碱化土，超过 15% 时便称为碱土。盐碱土的形成原因是多方面的，其中包括自然因素（气候、水文、地形、地势、地下水、土壤母质等）及人为因素（不合理施肥、不合理灌溉、植被破坏等）。土壤盐渍化发生的过程多在气候干旱、地下水位高、地势低洼而没有排水出路时，地下水的盐分由于毛细管作用上升到地表层后，水分被蒸发，盐分被留下，日积月累，土壤含盐量逐渐增加，从而形成了盐碱土。盐碱土按照地域不同，一般分为滨海盐碱地和内陆盐碱地。

盐碱土是地球陆地上分布较广泛的一种土壤类型，约占陆地总面积的 25%。仅我国盐碱地面积就有 3300 多万公顷，相当全国耕地面积的 1/3，并且有不断扩大的趋势。未来能否充分开发、利用盐碱土这一巨大的土地资源，将是我们国家在目前耕地面积不断减少的情况下，必将面临的一场能否可持续发展的严峻挑战。

所有土壤都包含有一定数量的盐分，这本来是植物所必需的生存条件，但盐碱土内存在有过量的某些种类的盐分，使土壤溶液盐分浓度过高，或有的土壤碱化度过高（土壤溶液酸碱度（pH 高于 8.5），使植物根系无法正常吸收水分和一些必需的盐分，甚至受到毒害，从而使植物无法正常生长发育。我们把这种不利的植物生存环境称作逆境。根据达尔文进化论，长期生存在逆境下的生物，会在形态、生理上产生相应的适应和改变，从而发展成为另具特色的生物资源。

笼统地说，凡是能够在盐碱土上生长的植物，均称作盐生植物。在我国广阔的盐碱土壤上，生存有多种多样的盐生植物，其中包括有形态奇特的观赏植物、功效独特的药用植物及韧度特强的纤维植物等。大力开发利用盐生植物资源，是我们综合开发、利用、改造盐碱土的一个基本而重要的环节。由于盐生植物主要是分布在我国西北沙漠地带和我国沿海海滩，可以说它们位居"天涯海角"，这就使我们很多人很难与它们相见、相知。然而，盐生植物却是一个琳琅满目、绚丽多彩的植物大世界，这里的奇花异草、奇树怪木，都具有极重要的经济价值及生态意义，令人无不感到震撼。本书作者连续利用三年多的时间，先后多次跋涉宁夏、内蒙古、甘肃、青海、新疆、辽宁、黑龙江、天津、江苏、山东等我国有盐碱土分布的省（区），在当地有关同仁的热情帮助下，共拍摄相关盐生植物数码图片 6870 余幅，基本上记录了我国各地盐生植物的面貌和景观。本书的编写，旨在把这些珍贵的图片资料献给我国广大与盐渍化土壤开发利用工作有关的同志们。在调研中我们得到了中国科学院植物研究所、中国林业科学院沙漠研究所、中国科学院新疆生态地理研究所潘伯荣研究员、山东师范大学生命科学学院李法曾教授、内蒙古额济纳旗林业工作站、内蒙古阿拉善右旗林业局、甘肃民勤沙生植物园、甘肃敦煌西湖国家自然保护区管理局、新疆石河子大学生命科学学院、宁夏银川植物园、青海林业科学院、天津塘沽区环保站、山东东营市园林管理局、东营市胜大园林总公司等单位领导对我们的大力支持和热情帮助，特在此一并表示衷心的感谢。内蒙古阿拉善右旗林业局邱玉华、武佳元二位专家不辞辛苦，热情参加野外调查及本书编辑工作，值得敬佩。

本书盐生植物图片均采用 1200 万像素的相机拍摄，清晰度高，色彩靓丽，并对其中部分植物种专门附上一首诗词，以进行形象、生动的概括，可加深读者对此种植物的认知。本书编写力求图文并茂、雅俗共赏，极适合盐渍土地区园林工作者、沿海各三角洲综合开发单位人员及我国西北沙漠自然保护区人员阅读参考。"读知天下美，盐生植物奇"，一书在手，可伴您进行"天涯海角"之旅，无限领略大自然盐生植物世界的风光、野趣和神韵。由于编写时间仓促及编者水平所限，书内不当及错误之处在所难免，恳请有关专家及广大读者批评指正。

编者 2012 年 7 月
于泰山

# 中国盐碱土壤分布图

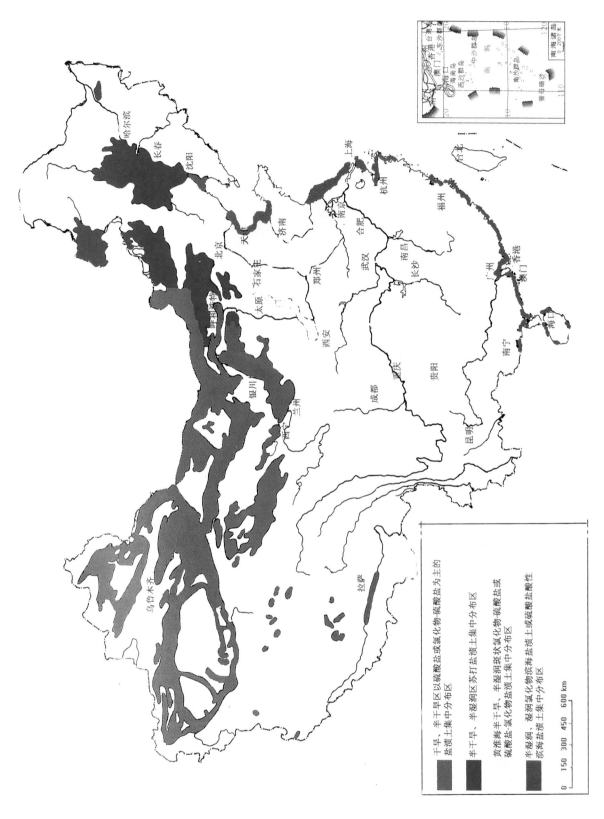

图例：

干旱、半干旱区以硫酸盐或酸盐氯化物-硫酸盐为主的盐质土集中分布区

半干旱、半湿润区苏打盐土集中分布区

黄淮海半干旱、半湿润斑状氯化物-硫酸盐或硫酸盐-氯化物盐质土集中分布区

半湿润、湿润氯化物滨海盐渍土或硫酸盐酸性滨海盐渍土集中分布区

0  150  300  450  600 km

注：根据王遵亲，1993 年改制。

# 目 录

# 一、滨海盐碱地植被概述

盐碱土按照地域一般可分为滨海盐碱地和内陆盐碱地。滨海盐碱地主要是受海水的影响（包括地上海潮侵袭和地下海水倒灌），使土壤积累了过多的盐分而形成土壤盐渍化。滨海盐碱地所含盐分主要是氯化物，其对植物的危害要重于内陆盐碱地。滨海盐碱地以盐化土为主，一般土壤pH小于9。根据所含盐分的多少，还可进一步分为轻度(0.1%~0.25%)、中度（0.25%~0.5%）、重度（0.5%~0.6%）。凡是能够生长在不同程度滨海盐渍化土壤上的植物，一般都称为滨海盐生植物。生长在滨海盐碱土上一切植物的总体，便构成了滨海盐生植被。盐生植物按照其抗盐生理特性不同可划分为以下三类：

（1）真盐生植物

叶肉质化，有的甚至叶片退化，具有明显的旱生结构。大量吸收盐分并通过离子区隔化将盐分局限于液胞以及老叶中是这类植物的一个重要特点。与此同时，植物大量吸水以保持细胞膨压，稀释体内盐分，并通过老叶或茎的脱落减轻盐分危害。老叶（茎）脱落导致群落土壤盐分富积，对其他低耐盐植物具有抑制作用，这有助于与其

他物种的竞争。来自世界各地的调查表明，真盐生植物主要分布于高盐生境中。一定的土壤盐分能够刺激其生长，当土壤盐分超过其生态适应的阈值时，生长量的下降也比较缓慢，它们是盐生植物中最抗的一类。真盐生植物主要见于藜科各属中，大部分真盐生植物采取C4碳同化途径。

（2）假盐生植物

即拒盐植物，主要分布于禾本科的碱茅属、芦苇属、芨芨草属、赖草属等属中。这类植物根系具有特殊的解剖结构和输导系统，在盐渍环境中通过减少对盐分的吸收或减少盐分的向上运输，将盐分控制在根中来减轻盐害。拒盐植物一般分布于盐分较轻的生境中，在无盐生境中常常生长更好，说明这类盐生植物并非生理需盐植物。由于拒盐植物减少对土壤盐分的吸收，结果拒盐植物根系附近可能会造成局部的土壤盐分提高。有些拒盐植物，如芦苇在盐分胁迫下会产生不同的生态适应类型，以此来适应高盐环境，例如在盐渍环境中芦苇矮化，叶片缩小，质地变硬等。

（3）泌盐盐生植物

泌盐植物通过盐腺或盐囊泡将过多的盐分排

用于滨海园林绿化的白榆树球

出体外，以此逃避盐的胁迫。泌盐盐生植物的耐盐能力，种间差异很大。这类植物中的柽柳、滨藜在无盐环境中也能良好生长，说明泌盐植物也并非生理需盐植物，而是典型的兼性盐生植物。根据目前的调查，泌盐植物主要分布于双子叶植物中的 11 个科 17 个属以及禾本科中的 35 个属中（赵可夫，1999）。泌盐结构有盐腺与盐囊泡之分，盐囊泡结构主要存在于藜科的滨藜属（Atriplex）中。研究表明，植物泌盐是一个主动的生理过程，基质盐分类型、盐分含量、大气湿度、蒸腾强度等因素对泌盐效率有明显的影响。

滨海盐生植物有不少属于水生植物，主要包括沉水盐生植物与挺水盐生植物。沉水盐生植物分布于海洋的浅水区域、海滨地区的咸水与半咸水区域及内陆的咸水湖与盐湖。沉水盐生植物的耐盐生理研究较少，多数沉水盐生植物体内不积累盐离子。挺水盐生植物主要分布于海滨滩涂、沼泽及内陆盐湖、咸水湖的湖滨地带，植物根系周围经常处于水饱和状态。植物耐盐机制有泌盐、稀盐与拒盐等各种形式，耐盐幅度因种类而异。由于生境中存在过多的水分，根系经常处于缺氧状态，因此植物的根系能忍耐严重的缺氧或具有通气组织。植株地上部分表现为中生植物特征而很少具有旱生植物特征。挺水盐生植物常见种类有米草、盐角草、水麦冬、芦苇（水生生态型）等。滨海盐生植物以藜科、菊科及禾本科植物较为常见。

我国沿海约有 18000km 长的海岸线和岛屿沿岸，广泛分布着各种滨海盐土，总面积可达 $5 \times 10^5 hm^2$，主要包括长江以北的山东、河北、辽宁等省和江苏北部的海滨冲积平原及长江以南的浙江、福建、广东等省沿海一带的部分地区。

治理滨海盐碱地的措施有水利改良措施（灌溉、排水、放淤、种稻、防渗等）、农业改良措施（平整土地、改良耕作、施客土、施肥、轮作、间种套种等）、生物改良措施（种植耐盐植物和牧草、绿肥、植树造林等）和化学改良措施（施用改良物质，如石膏、磷石膏、亚硫酸钙等）四个方面。由于每一措施都有一定的适用范围和局限性，因此必须因地制宜，综合治理。

# 二、滨海盐生植被不同类型植物群落景观

山东东营黄河口由碱蓬组成的五彩海滩

山东东营黄河口苇海

山东东营盐碱滩植被

山东昌邑柽柳自然保护区大门

山东东营海滩柽柳、芦苇、白茅群落

山东东营柽柳、芦苇群落景观

山东东营海滩盐地碱蓬单优种群景观

山东东营海滩碱蓬、芦苇群落

山东昌邑滨海柽柳、碱蓬、二色补血草群落

千里盐滩化林海
万亩柽柳绿如烟

山东昌邑万亩天然柽柳林景观

江苏盐城滨海湿地景观

江苏盐城滨海湿地芦苇荡

天津滨海湿地碱蓬群落

春暖芦芽破土伸，
东风一夜起千军。
水径曲幽芦苇荡，
鱼跃鹭飞销人魂。

天津塘沽滨海湿地芦苇、碱蓬植被景观

江苏如东滨海碱菀、芦苇群落景观

耐湿耐盐碱菀花

情系海滩佳年华

辽宁盘锦红海滩中点缀神龟雕塑

辽宁盘锦海滩碱蓬所形成"红地毯"风景

海南三亚珊瑚湾红树林景观

南海岸大王椰子行道树景观

黑龙江安达市盐碱地植被景观

# 乔木
## QIAOMU

# OOI 椰子树
*Cocos nucifera* | 棕榈科

海滩椰子树景观

大王椰子花序

常绿乔木。树干挺直，高 15~30m，单项树冠，整齐。叶羽状全裂，长 4~6m，裂片多数，革质，线状披针形，长 65~100cm，宽 3~4cm，先端渐尖；叶柄粗壮，长超过 1m。佛焰花序腋生，长 1.5~2m，多分枝，雄花聚生于分枝上部，雌花散生于下部；雄花具萼片 3，鳞片状，长 3~4mm，花瓣 3，革质，卵状长圆形，长 1~1.5cm；雄蕊 6 枚。坚果倒卵形或近球形，顶端微具三棱，长 15~25cm，内果皮骨质，近基部有 3 个萌发孔，种子 1 粒；胚乳内有一富含液汁的空腔。椰子树在海边地势仅高于涨潮水面数尺、有循环的地下水、雨量充足的地方生长最为繁茂。较耐海水盐碱。椰树主要有绿椰、黄椰和红椰三种，树干笔直，无枝无蔓，巨大的羽毛状叶片从树梢伸出，撑起一片伞形绿冠，椰叶下面结着一串串圆圆的椰果。椰子树全世界都有分布，原产于马来群岛，海南种植已有两千年的历史。栽种 8 年开始结果，盛产期在 20 年以上，寿命长达 80 年；一年四季花开花落，果实不断，尤以秋天为收获旺季。

蓝天碧海伴沙滩
椰林帆影荡心弦

湖岸椰林

# 002 加那利海枣
## *Phoenix canariensis* | 棕榈科

加那利海枣是著名的景观树，生长在非洲西岸的加拿利岛。1909 年引种到中国台湾，20 世纪 80 年代引入中国大陆。中国热带至亚热带地区可露地栽培，在长江流域冬季需稍加遮盖，黄淮地区则需室内保温越冬。其单干粗壮，直立雄伟，树形优美舒展，富有热带风情，广泛应用于公园造景、行道绿化。高可达 10~15m，粗可达 60~80cm。叶大型，长可达 4~6m，呈弓状弯曲，集生于茎端。单叶，羽状全裂，成树叶片的小叶有 150~200 对，形窄而刚直，端尖，上部小叶不等距对生，中部小叶等距对生，下部小叶每 2~3 片簇生，基部小叶成针刺状。叶柄短，基部肥厚，黄褐色。叶柄基部的叶鞘残存在干茎上，形成稀疏的纤维状棕片。5~7 月开花，肉穗花序从叶间抽出，多分枝。果期 8~9 月，果实卵状球形，先端微突，成熟时橙黄色，有光泽。种子椭圆形，中央具深沟，灰褐色。加那利海枣植株耐热、耐寒性均较强，成龄树能耐受 −10℃低温。较耐盐碱。

树形优美干粗壮
热带风情锁人魂

叶形

近景

远景

行道树景观

# OO3 蒲葵
*Livistona chinensis* | 棕榈科

　　别名葵树、扇叶葵、葵竹、铁力木。常绿高大乔木树种。 高达 20m。树冠紧实，近圆球形，冠幅可达 8m。叶扇形，宽 1.5~1.8m，长 1.2~1.5m，掌状浅裂至全叶的 1/4~2/3，着生茎顶，下垂，裂片条状披针形，顶端长渐尖，再深裂为 2，叶柄两侧具倒刺，叶鞘褐色，纤维甚多。肉穗花序腋生，长 1m 有余，分枝多而疏散，花小，两性，通常 4 朵聚生，花冠 3 裂，几乎达基部，花期 3~4 月。核果椭圆形，状如橄榄，熟时呈亮紫黑色，长 1.8~2.2cm，直径 1~1.2cm。外略被白粉，果熟期为 10~12 月。种子椭圆形，长 1.5cm，直径 0.9cm。原产地秦岭 – 淮河以南。中国华南（粤、桂、滇、琼、台）、琉球与小笠原岛有分布。丛植或行植，作广场和行道树及背景树，也可用作厂区绿化。小树可盆栽摆设供观赏。树干可作手杖、伞柄、屋柱，嫩芽可食。叶可制扇（广东江门新会葵扇驰名全国）。

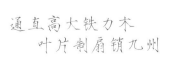

树干

株景（摄于华南植物园）

叶形

通直高大铁力木
叶片制扇镇九州

# 004 霸王榈
## *Bismarckia nobillis* | 棕榈科

　　别名霸王棕。常绿高大乔木，原产马达加斯加，近年引入我国后，在华南地区栽培表现良好，深受欢迎。植物高大，在原产地可高达70~80m。茎干光滑，结实，灰绿色。叶片巨大，长有3m左右，扇形，多裂，蓝灰色。雌雄异株，穗状花序；雌花序较短粗；雄花序较长，上有分枝。种子较大，近球形，黑褐色。喜阳光充足、温暖气候与排水良好的生长环境。耐旱、耐寒。种子繁殖。霸王棕成株适应性较强，喜肥沃土壤，耐瘠薄，对土壤要求不严，耐一定盐碱。但成株移栽应尽量保持完整土球，且土球要较一般棕榈植物长且大，避免移植时发生"移植痴呆症"。霸王棕高大壮观，生长迅速，十分引人注目，有极高的观赏价值。霸王棕在内陆热带亚热带地区生长较好，喜高温高湿的热带气候。树形挺拔，叶片巨大，形成广阔的树冠，为珍贵而著名的观赏类棕榈。

挺拔壮观叶巨大
　雄压群芳称霸王

株景（摄于广州华南植物园）

群植景观

茎基部景观

叶形

# OO5 直干蓝桉
*Eucalyptus maideni* | 桃金娘科

枝叶

常绿乔木，高可达 40m 以上。树干通直，树皮灰褐色，呈块状脱落而新皮呈灰白色。新枝四棱形，有白粉。叶二形，幼叶及萌芽上的叶对生，长 4~12cm，卵状椭圆形，两面有白粉。大树叶互生，镰状披针形。蒴果小，杯形。长 20cm，宽 2.5cm，革质，两面多黑腺点；叶柄长 1~1.5cm。伞形花序有花 3~7 朵，总梗压扁或有棱；花梗长约 2mm；花蕾椭圆形，长 1.2cm，宽 8mm，两端尖；萼管倒圆锥形，有棱；帽状体三角锥状，与萼冠等长；雄蕊多数，花药倒卵形，纵裂。蒴果钟形或倒圆锥形，长 8~10mm，宽 10~12mm，果缘较宽，果瓣 3~5，先端突出萼管外。1947 年引入四川，后又引至云南、广东、广西、浙江等地。性喜温暖湿润气候。深根性，对土壤要求不严，能在酸性及石灰质土壤中生长，有一定耐盐碱能力。

株景（摄于福州植物园）

树干光滑洁白
扶摇直插蓝天

叶丛

树干

# OO6 木麻黄
*Casuarina equisetifolia* | 棕榈科

常绿乔木，树高达 30m。树干通直，树皮深褐色，不规则条裂。小枝绿色，代替叶的功能，叫叶状枝。叶退化呈鳞片状，每节着生鳞片状叶 6~8 枚。花单性，同株或异株。聚合果椭圆形，外被短柔毛。小坚果具翅。喜光，喜炎热气候。喜钙镁，特耐盐碱、贫瘠土壤。生长迅速，抗风力强，不怕沙埋。生长快，寿命短，30~50 年即衰老。原产澳大利亚、太平洋诸岛，中国引种约有 80 多年历史。广东、广西、福建、台湾及南海诸岛均有栽培，多生于海滩。树冠塔形，姿态优雅，为庭园绿化及滨海防风固林的优良树种。

叶子退化成鳞片
风沙盐碱只等闲

枝条和果序

枝条

树干

株景

# OO7 台湾相思

*Acacia confusa* ｜ 含羞草科

枝叶

别名相思树、相思子。常绿乔木，高达
15m，胸径 40~60cm。树干灰色有横纹，枝灰
色无刺。叶退化，叶柄呈叶状，披针形。花后结
扁平荚果。枝叶细密，如同一团团绿色的云朵，
金黄色的花朵就像夕阳余晖下的云彩。幼株 2 回
羽状复叶，长大后小叶退化。头状花序腋生，圆
球形；花瓣淡绿色，具香气；雄蕊多数，金黄色，
伸出花冠筒外。荚果扁平，长 4~11cm，具光泽。
种子椭圆形，长 5~7mm，褐色。花期 4~8 月。
果期 8~10 月。相思树分布于低海拔丘陵及野外，
虽然是豆科的一员，但却没有羽状复叶，原来它
的羽状复叶只在小树时有，当成为大树时，满树
都成为镰刀状的假叶了。原产菲律宾，我国台湾、
福建、广东、广西、海南皆有栽培。喜光，根深
材韧，抗风力强。根系发达，具根瘤，能固定大
气中的游离氮。适应性强，不择土壤，耐干旱瘠薄，
较耐盐碱，病虫害少。是滨海造林的先锋树种，
又是防护林、水土保持林、薪炭林、四旁绿化的
优良树种。

树姿优美叶柔细
酷若相思婵娟女

主干

树冠

# ○○8 刺桐
*Erythrina variegata var.orientalis* | 蝶形花科

　　落叶乔木。干皮灰色，具圆锥状皮刺；分枝粗壮。小叶3枚，长卵圆形。荚果念珠状，成熟期9月。刺桐为蝶形花科刺桐属落叶乔木，原产亚洲热带，树身高大挺拔，枝叶茂盛，喜强光照射，花期每年3月，总状花序，花大，蝶形，花色鲜红，花形如辣椒，花序颀长，若远远看去，每一只花序就好似一串熟透了的火红的辣椒。以扦插繁殖为主，也可播种繁殖。在我国某些地方的旧俗里，人们曾以刺桐开花的情况来预测收成：如头年花期偏晚，且花势繁盛，那么就认为来年一定会五谷丰登，六畜兴旺，否则相反；还有一种说法是刺桐每年先萌芽后开花，则其年丰，否则反之。所以刺桐又名"瑞桐"，代表着吉祥如意。适合单植于草地或建筑物旁，可供公园、绿地及风景区美化，又是公路及市街的优良行道树。刺桐木材白色而质地轻软，可制造木屐或玩具。树叶、树皮和树根可入药，有解热和利尿的功效。刺桐带着热情带着美好的祝福给人间添上百般乐趣。

花形

花序

初见枝头万绿浓，忽惊火伞欲烧空。
花先花后年俱熟，莫道时人不爱红。
　　　　　　　　——宋·王十朋

花枝

株景

# OO9 南洋杉

*Araucaria cunninghamii* ｜ 南洋杉科

枝叶

常绿乔木。在原产地高达 60~70m，胸径达 1m 以上，树皮灰褐色或暗灰色，粗壮，横裂；大枝平展或斜伸，幼树冠尖塔形，老则成平顶状，侧生小枝密生，下垂，近羽状排列。叶二型：幼树和侧枝的叶排列疏松，开展，锥状、针状、镰状或三角状；大枝及花果枝上之叶排列紧密而叠盖，斜上伸展，微向上弯，卵形，三角状卵形或三角状，无明显的脊背或下面有纵脊，长 6~10mm。球果卵圆形或椭圆形。种子椭圆形，两侧具结合而生的膜质翅。原产大洋洲东南沿海地区，我国广州、海南岛、厦门等地有栽培，作庭园树，生长快，能开花结实；长江以北有盆栽。喜气候温暖，空气清新湿润，光照柔和充足，不耐寒，忌干旱，冬季需充足阳光，夏季避免强光暴晒，怕北方春季干燥的狂风和盛夏的烈日，在气温 25~30℃、相对湿度 70% 以上的环境条件下生长最佳。南洋杉树形为尖塔形，枝叶茂盛，叶片呈三角形或卵形，为世界著名的庭园树之一；可列植、孤植或配植于树丛内，也可作雕塑或风景建筑的背景树。亦可作行道树用，但以选无强风地点为宜，以免树冠偏斜。幼苗盆栽适用于一般家庭的客厅、走廊、书房中点缀；也可用于布置各种形式的会场、展览厅。

树形尖塔枝叶翠
厅堂馆所作点缀

株景　摄于福州水上公园

丛植远景

# OIO 白千层
*Melaleuca leucadendra* | 桃金娘科

别名：脱皮树、千层皮、玉树、玉蝴蝶。常绿乔木，树皮灰白色，厚而疏松。单叶互生，长椭圆状披针形，长5~15cm，全缘，有平行纵脉5~7条。花乳白色，雄蕊合生成5束，每束有花丝5~8枚，顶生穗状花序，长6~12cm；花期1~2月。白千层适应性强，能耐干旱和水湿，华南有栽培，多作行道树以及防护林树种。枝叶可以提取芳香油，供药用和作为防腐剂。白千层是一种奇妙的树，"树皮一层层的，仿佛要脱掉旧衣换新裳一般"，白千层能写字，还能够当橡皮用。白千层的花也是奇特的，满树的花"活像千只万只的小毛刷"。白千层原产自澳大利亚，四川、广西等省区现已引种成功，威远属适宜栽培地区。茶树油是从白千层的枝叶中加工提炼出的一种芳香油，具有抗菌、消毒、止痒、防腐等作用，是洗涤剂、美容保健品等日用化工品和医疗用品的主要原料之一，需求广泛。阴性树种，喜温暖潮湿环境，要求阳光充足，适应性强，能耐干旱高温及瘠瘦土壤，亦可耐轻霜及短期0℃左右低温；对土壤要求不严，较耐盐碱。

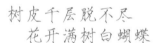

树皮千层脱不尽
　花开满树白蝴蝶

花序

叶形

树皮

行道树景观（摄于福建省福州市郊）

花形

# OII 木棉
*Bombax malabaricum* | 木棉科

　　别名英雄树（广东）、莫连、红茉莉（潮汕）、莫连花、红棉、攀枝花、斑芒树。热带及亚热带落叶大乔木。木棉直立的干身密生瘤刺，刺并不尖锐。枝条轮生，向四方水平方向伸长。掌状复叶，小叶有 5 至 7 片。木棉色调相当一致，早春二、三月，萧瑟的枯枝上先是绽放了满树火红，接着新芽才萌发。木棉树花落后长出长椭圆形的蒴果，成熟后果荚开裂，果中的棉絮随风飘落。朵朵棉絮飘浮空中，如六月飘雪一般，别有一番情趣。木棉棉絮质地柔软，可絮茵褥，是古代中国的重要织衣材料。花萼黑褐色，革质。花后结椭圆形蒴果，在 5 月时，果实会裂开，卵圆形的种子连同白色的棉絮会随风四散。由于华南不产棉花，所以历年当地居民都会在棉絮飘落时将其搜集，用以代替棉花来作棉袄的填充料。

红艳满树夺人目
　　　絮毛漫天舞东风

红艳满树

株景

枝叶

# OI2  凤凰木
## *Delonix regia* | 豆科

落叶大乔木，高 10~20m，胸径可达 1m。
树形为广阔伞形，分枝多而开展。原生非洲马
达加斯加。野外属濒危物种，目前已由人工引
种栽培，被广泛栽种为观赏树。在香港地区为
常见的外来品种落叶乔木，台湾地区则于 1897
年引入，台南市更将其定为市花，以与"凰凤
城"之别名相称。凤凰木同时是厦门的市树。
凤凰木树皮粗糙，灰褐色。二回羽状复叶互生，
长 20~60cm，有羽片 15~20 对，对生；羽片长
5~10cm，有小叶 20~40 对；小叶密生，细小，
长椭圆形，全缘，顶端钝圆，基部歪斜。总状花
序伞房状，顶生或腋生，长 20~40cm；花大，
直径 7~15cm；花萼和花瓣皆 5 片；花瓣红色，
下部四瓣平展，长约 8cm，第五瓣直立，稍大，
且有黄及白的斑点，雄蕊红色；花萼内侧深红色，
外侧绿色；花期 5~8 月。荚果带状或微弯曲呈镰
刀形，扁平，下垂，成熟后木质化。世界各热带、
暖亚热带地区广泛引种，中国台湾、海南、福建、
广东、广西、云南等省区有引种栽培。凤凰木适
应热带气候，耐旱及可在有盐分的环境生长。

婆娑枝叶荫如盖，
锦簇花团烂漫开。
莫说好花开不久，
此花百日开不败。

花序

果实

花枝

株景（摄于深圳海滩）

# OI3　红花羊蹄甲

*Bauhinia blakeana* | 苏木科

花形

花枝

落叶灌木或小乔木，又名洋紫荆，高2~4m。枝干丛生。单叶互生，全缘，叶脉掌状，有叶柄，托叶小，早落。花于老干上簇生或呈总状花序，先于叶或和叶同时开放；花萼阔钟状，5齿裂，弯齿顶端钝或圆形；花两侧对称，上面3片花瓣较小；雄蕊10，分离；子房有柄。荚果扁平，呈狭长椭圆形，沿腹缝线处有狭翅；种子扁，数颗。植物形态优美，而且容易培植。西方人最初把洋紫荆喻为"穷人的兰花"。 洋紫荆树一般高约7m，一般可生长四十年。这种植物很易扎根生长。原产及分布于中国黄河流域。陕、甘南、新、川，藏、黔、滇南、粤、桂等地均有栽培。喜光。不甚耐寒，喜肥厚、湿润的土壤，有一定耐盐碱能力，忌水涝。萌蘖力强，耐修剪。

千娇百媚紫荆花　芳香四溢映彩霞

花开烂漫

# OI4 榕树
*Ficus microcarpa* | 桑科

别名小叶榕。高达30m。枝条上生长的气生根，向下伸入土壤形成新的树干称之为"支柱根"。支柱根和枝干交织在一起，形似稠密的丛林，因此被称之为"独木成林"。树冠庞大，呈广卵形或伞状。树皮灰褐色，枝叶稠密，浓荫覆地，甚为壮观。叶革质，椭圆形或卵状椭圆形，有时呈倒卵形，长4~10cm，全缘或浅波状，先端钝尖，基部近圆形；单叶互生，叶面深绿色，有光泽，无毛。隐花果腋生，近球形，果熟期9~10月，熟时由绿色变成红色。在我国广泛分布于广西、广东、海南、福建等地。榕树是重要的野生食物源，含丰富的维生素，矿物质，以及帮助人体消化的纤维素和苦味素。

古榕外观

枝下气生根

一木成林

枝下气根万丝垂
　　独木成林一奇观

古榕树下景观

气生根

# OI5 木榄
*Bruguiera gymnorrhiza*  | 红树科

常绿乔木，高达 2~5m。具膝状呼吸根及支柱根。树皮灰色至黑色，内部紫红色。叶对生，具长柄，革质，长椭圆形，先端尖。单花腋生；萼筒紫红色，钟形，常作 8~12 深裂，花瓣与花萼裂片同数，雄蕊约 20 枚。具胎生现象，胚轴红色，繁殖体圆锥形。木榄是红树林的主要树种组成成分。中国的红树林主要分布在海南、广西、广东和福建等地某些海滩。木榄大部分生长于淤泥中，它没办法在泥里得到充足的氧气，于是只好把自己的"鼻子"——根伸出地面从空气中得到氧气。在生长时，它的根基部先迅速生长，把根的先端顶起，使之露出地面。接着，根顶部的生长速度逐渐加快并且超过了基部的生长速度；而与此同时，根的基部生长放慢。这个过程使根翘起的部分向下弯曲，形成了像人膝盖的形状。我们能在木榄林里看到奇特的"膝状"根景观，这正是许多的木榄共同生长的结果。

木榄花枝

海岸红树林幼树气生根

幼苗胎生巧适应
海上森林一奇观

退潮后的红树林

海上森林

海南三亚珊瑚湾红树林

# OI6 香樟

*Cinnamomum camphora* | 樟科

　　常绿大乔木，高达 55m。树皮幼时呈绿色，平滑，老时渐变为黄褐色或灰褐色，纵裂；冬芽呈卵圆形。叶薄革质，卵形或椭圆状卵形，长 5~10cm，宽 3.5~5.5cm，顶端短尖或近尾尖，基部圆形，离基 3 出脉，近叶基的第一对或第二对侧脉长而显著，背面微被白粉，脉腋有腺点。圆锥花序生于新枝的叶腋内，花黄绿色，春天开，小而多。果球形，熟时紫黑色。花期 4~6 月，果期 10~11 月。樟树喜光，稍耐阴；喜温暖湿润气候，耐寒性不强，对土壤要求不严，稍耐盐碱土。主根发达，深根性，能抗风。萌芽力强，耐修剪。生长速度中等，树形巨大如伞，能遮阴避凉。存活期长，可以生长为上千年的参天古木。

果实

花形

红叶

北国杨柳绿大地
　　江南樟树扮蓝天

叶形

株景

叶形

枝叶

# OI7 橡皮树
## *Ficus elastica* | 桑科

常绿乔木，高可达 30m 以上。全株光滑，无毛，具气生根，有乳胶汁。叶宽大具长柄，厚革质，具光泽，亮绿色，长椭圆形或矩圆形，先端渐尖，边全缘。幼芽呈红色，具苞片。侧脉与中肋成直角。新芽生出时，包在淡红色的托叶中，颇为美丽。性喜暖湿，不耐寒，喜光，亦能耐阴。要求肥沃土壤，宜湿润，亦稍耐干燥，其生长适温为 20~25℃。四季葱绿，为常见的观叶树种。盆栽可陈列于客厅卧室中，作为点缀。在温暖地区可露地栽培作行道树或风景树。

原产于印度、缅甸和斯里兰卡，中国各地多有栽培，城市盆栽极为广泛，北方需在温室越冬。

株景

# 018 罗汉松
*Podocarpus macrophyllus* | 罗汉松科

叶形

别名罗汉杉、长青罗汉杉、土杉、金钱松、仙柏、罗汉柏、江南柏。常绿乔木，高达 18m。树冠广卵形。叶条状披针形，先端尖，基部楔形，两面中肋隆起，表面暗绿色，背面灰绿色，有时被白粉，排列紧密，螺旋状互生。雌雄异株或偶有同株。种子卵形，有黑色假种皮。花期 5 月，种熟期 10 月。罗汉松是国家二类保护植物，种托大于种子，成熟呈红色，加上绿色的种子，好似光头的和尚穿着红色僧袍，故名罗汉松。罗汉松常见于中国华南地区，包括香港一带。由于盆植罗汉松可供观赏，其木材可供建筑、药用和雕刻，因而价值甚高。

果实

千年守望傲苍穹，望断云烟罗汉松。
阅尽沧桑留正气，风骚独领总从容。

株景

干皮

# 019 美国竹柳
*Salix* sp.　|　杨柳科

二年生树干

　　落叶乔木，高度可达 20m 以上，是经选优选育及驯化出的一个柳树品种。其形态、侧枝、密植性跟竹子相似，故取名为竹柳。系美国加州农大与美国几家最大的纸业及种苗公司联合研究，通过美国寒竹、朝鲜柳、筐柳组合杂交选育的优良杂交品系。中国国家级科研单位从美国引进，并通过全国 8 个区域 1—4 级试验，证明成功。抗寒、抗旱、抗淹、速生等各方面表现远远超过目前国内各种速生树种。树皮幼时为绿色，光滑。顶端优势明显，腋芽萌发力强，分枝较早，侧枝与主干夹角 30~45 度。树冠塔形，分枝均匀。叶披针形，单叶互生，叶片长达 15~22cm，宽 3.5~6.2cm，先端长渐尖，基部楔形，边缘有明显的细锯齿；叶片正面绿色，背面灰白色，叶柄微红、较短。特耐盐碱，可适应土壤 PH8.0~8.5，含盐量 0.8% 的重盐碱地区。耐水淹（水淹两个月仍能正常生长）。沿海滩涂、盐碱地都可栽植。

二年生幼树

速生耐涝抗盐碱　滨海造林一新秀

二年生幼林

# 020 沙枣
*Elaeagnus angustifolia* ｜ 胡颓子科

花形

　　别名银柳、桂香柳及七里香等。落叶灌木或小乔木，高 5~10m，有时具刺。幼枝呈银白色，老枝栗褐色。叶矩圆状披针形至狭披针形，长 4~8cm，先端尖或钝，基部宽楔形，两面均有白色鳞片，下面较密，呈银白色；叶柄长 5~8mm。花银白色，芳香，外侧被鳞片，1~3 朵生于小枝下部叶腋；花长 5mm，上端 4 裂，裂片长三角形；雄蕊 4；花柱上部扭转，基部为筒状花盘包被。果实矩圆状椭圆形，或近圆形，直径 8~11mm，密被银白色鳞片。花期 6~7 月。果期 8~10 月。沙枣对热量条件要求较高，在平均气温≥ 10℃、积温 3000℃以上地区生长发育良好，果实则主要在平均气温 20℃以上的盛夏高温期内形成。适应性很强，广泛分布于我国各盐渍化土壤地区。是盐碱地区的代表树种。沙枣生活力很强，有抗旱，抗风沙，耐盐碱，耐贫瘠等特点。耐盐碱能力较强，但随盐分种类不同而异，对硫酸盐土适应性较强，对氯化物则抗性较弱。在硫酸盐土全盐量 1.5% 以下时可以生长，而在氯化盐土上全盐量超过 0.4% 时则不适于生长。

叶形

果实

*干旱盐碱无所惧　银装素裹七里香*

株景　摄于山东东营滨海

# O2I 绒毛白蜡

*Fraxinus velutina* | 木犀科

叶背绒毛

观叶乔木，高可达 10m，小枝密被短柔毛。树皮暗灰色，光滑。雌雄异株，花杂性，圆锥花序侧生于上年枝上，先开花后展叶。5 月开花，9~10 月果实成熟。翅果，长 3~4.5cm，内含一枚种子。果实成熟时黄褐色，种子千粒重 30~36g。喜光，对气候、土壤要求不严，耐寒，耐干旱，耐水湿，耐盐碱。深根树种，侧根发达，生长较迅速，少病虫害，抗风，抗烟尘，材质优良。原产于北美，我国华北沿海、内蒙古南部、辽宁南部、长江下游均有栽培，以天津、山东栽培最为普遍，是滨海盐碱地区城市绿化的首选树种。最早天津市从山东济南成功引进此树种，现发展成为天津市城市绿化的主栽树种，并成为天津市的市树。

叶上生毛特抗盐

滨海绿化属首选

秋色

株景 摄于天津市区

花序

# O22 水杉
*Metasequoia glyptostroboides* ｜ 杉科

果实

　　落叶乔木。树高可达 40~50m，胸径达 2m 以上。叶对生、线形、扁平、柔软、淡绿色，在脱落性小枝上成羽状排列，冬季与之一起脱落。雌雄同株，雄球花单生叶腋，呈总状或圆锥状着生；雌球花单生或对生，珠鳞交互对生。球果有长柄，下垂，近圆形或长圆形。水杉喜光，生长良好地区的年平均温度大致为 12~20℃，年降水量 1000~1500mm。在年降水量 500~600mm 左右的华北地区，干旱季节如能及时灌溉，也能生长良好。水杉对土壤要求比较严格，对土壤水分不足反应非常敏感。在地下水位过高，长期滞水的低湿地，也生长不良。有一定抗盐碱能力，在含盐量 0.2% 的轻盐碱地上能正常生长。水杉树干通直挺拔，高大秀丽，叶色翠绿，入秋后叶色金黄，是著名的庭院观赏树。可于公园、庭院、草坪、绿地孤植、列植或群植。

叶形

秋色

拔地而起揽日月
　　秀叶翠绿秋转黄

水杉林

株景

# O23 火炬树
## *Rhus typhina* | 漆树科

果穗

幼树林

　　别名火炬漆、加拿大盐肤木。落叶小乔木，高达 12m。小枝密生灰色茸毛。奇数羽状复叶，小叶 19~23 枚（11~31），长椭圆状至披针形，长 5~13cm，缘有锯齿，先端长，渐尖，基部圆形或宽楔形，上面呈深绿色，下面苍白色，两面有茸毛，老时脱落。圆锥花序顶生，密生茸毛，花淡绿色，雌花花柱有红色刺毛。核果深红色，密生绒毛，花柱宿存、密集成火炬形。花期 6~7 月，果期 8~9 月。喜光，耐寒，对土壤适应性强，耐干旱瘠薄，耐水湿，耐盐碱，根系发达，萌蘗性强。浅根性，生长快，寿命短。火炬树果穗红艳似火炬，秋叶鲜红色，是优良的秋景树种。宜丛植于坡地、公园角落，以吸引鸟类觅食，增加园林野趣。栽种方法简单，成活率高，是荒山造林、河岸护坡、固堤及封滩、固沙等困难立地的先锋树种，也是中西部干旱、半干旱地区绿化首选树种。

秋叶

金秋十月丛林染　红叶似火映彩霞

片植景观

# O24 楸树
*Catalpa bungei* | 紫葳科

落叶大乔木，高达 30m，胸径达 60cm。树冠为狭长倒卵形，主枝开阔伸展。树皮灰褐色、浅纵裂，小枝灰绿色、无毛。叶呈三角状卵形、长 6~16cm，先端渐长尖。总状花序伞房状排列，顶生。花冠浅粉紫色，内有紫红色斑点。花期 4~5 月。种子扁平，具长毛。喜光，较耐寒，适生长于年平均气温 10~15℃，降水量 700~1200mm 的环境。喜深厚肥沃湿润的土壤，不耐干旱、积水，忌地下水位过高，较耐盐碱。萌蘖性强，幼树生长慢，10 年以后生长加快，侧根发达。耐烟尘、抗有害气体能力强，寿命长。自花不孕，往往开花而不结实。主产黄河流域和长江流域，北京、河北、内蒙古、安徽、浙江等地也有分布。楸树树姿俊秀，高大挺拔，枝繁叶茂，花多盖冠，花形若钟，红斑点缀白色花冠，如雪似火，每至花期，繁花满枝，随风摇曳，令人赏心悦目。自古人们就把楸树作为园林观赏树种，广植于皇宫、庭院、刹寺庙宇、胜景名园之中。

花序

几岁生成为大树？
一朝缠绕困长藤。
谁人与脱青罗帐，
看吐高花万万层。
——唐·韩愈《楸树》

叶形

株景

# O25 黄连木
*Pistacia chinensis* | 漆树科

果实

树干

落叶乔木，高达 30m，胸径达 2m，树冠近圆球形。树皮薄片状剥落。常为偶数羽状复叶，小叶 10~14 枚，呈披针形或卵状披针形，长 5~9cm，先端渐尖，基部偏斜，全缘。雌雄异株，圆锥花序，雄花序呈淡绿色，雌花序紫红色。核果径约 6mm，初为黄白色，后变红色至蓝紫色，若红而不紫多为空粒。花期 3~4 月，先叶开放。果 9~11 月成熟。原产中国，分布很广，北自黄河流域，南至两广及西南各省均有分布；常散生于低山丘陵及平原，其中以河北、河南、山西、陕西等省最多。喜光，幼时稍耐阴；喜温暖，畏严寒；耐干旱瘠薄，对土壤要求不严，微酸性、中性和微碱性的砂质、黏质土均能适应，而以在肥沃、湿润而且排水良好的石灰岩山地生长最好。深根性，主根发达，抗风力强；萌芽力强。生长较慢，寿命可长达 300 年以上。对二氧化硫、氯化氢和煤烟的抗性较强。秋叶转红，为良好秋色叶树种。

参天古树黄连木　霜叶丹红夺人目

叶

株景

秋色

# 026 朴树
*Celtis sinesis* Pers | 榆科

　　落叶乔木，树高达 20m，胸径达 1m。树皮灰色，光滑，粗糙而不开裂，枝条平展。叶质较厚，阔卵形或圆形，中上部边缘有锯齿，叶面无毛。花异性同株，雄花簇生于当年生枝下部叶腋；雌花单生于枝上部叶腋，1~3 朵聚生。核果近球形，熟时橙红色。花期 4 月，果熟期 10 月。多生于平原耐阴处；广泛分布于淮河流域、秦岭以南至华南各省区，散生于平原及低山区，村落附近习见。朴树树冠圆满宽广，树荫浓郁，最适合在公园、庭园作庭荫树。也可以供街道、公路列植作行道树。喜光耐阴。喜肥厚湿润疏松的土壤，耐干旱瘠薄，耐轻度盐碱，耐水湿。适应性强，深根性，萌芽力强，抗风。耐烟尘，抗污染。生长较快，寿命长。

枝繁叶茂树荫浓
　异果满枝照眼明

果实

叶形

秋色

树干

株景

果实

# O27 榉树
*Zelkova serrata* | 榆科

　　落叶乔木，高达30m。树冠为倒卵状伞形。树皮棕褐色，平滑，老时薄片状脱落。单叶互生，呈卵形、椭圆状卵形或卵状披针形，先端尖或渐尖，缘具锯齿。叶表面微粗糙，背面淡绿色，无毛。叶秋季变色，有黄色系和红色系两个品系。坚果较小。阳性树种，喜光，喜温暖环境。对土壤的适应性强，酸性、中性、碱性土及轻度盐碱土均可生长。深根性，侧根广展，抗风力强。生长慢，寿命长。我国西南、华北、华东、华中、华南等地区均有栽培。榉树树体高大雄伟，盛夏绿荫浓密，秋叶红艳，可孤植、丛植于公园和广场、草坪、建筑旁作庭荫树及行道树。

叶形

树姿端庄绿荫浓
　　　秋日树叶转褐红

秋色

枝叶

# 028 榔榆

*Ulmus parvifolia* | 榆科

落叶大乔木，高达 25m，胸径可达 1m；树冠为广圆形，树干基部有时呈板状根。树皮灰色或灰褐色，裂成不规则鳞状薄片剥落，露出红褐色内皮。叶质地厚，披针状卵形或窄椭圆形。冬季叶变为黄色或红色宿存至第二年新叶开放后脱落。翅果椭圆形或卵状椭圆形。长 10~13mm，宽 6~8mm。花秋季开放，3~6 数在叶脉簇生或排成簇状聚伞花序。花果期 8~10 月。喜光，耐干旱，在酸性、中性及盐碱土上均能生长。我国主产于河北、山东、江苏、安徽、浙江、福建等地。榔榆树形优美，姿态潇洒，树皮斑驳，枝叶细密，在庭院中孤植、丛植，或与亭榭、山石配置都很合适。宜作庭荫树、行道树或制作盆景，均有良好的观赏效果。因抗性较强，还可选作厂矿区绿化树种。

秋季开花

秋叶

枝叶

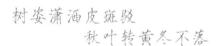

树姿潇洒皮斑驳
秋叶转黄冬不落

株景    摄于天津郊区

树皮

# 029 糙叶树
## *Aphananthe aspera* | 榆科

果实与叶

落叶乔木，高可达 20m。树皮黄褐色，有灰斑与皱纹，老时纵裂。单叶互生；卵形或狭卵形，长 5~13cm，宽 3~8cm，先端渐尖，基部呈圆形或阔楔形，基部以上有单锯齿，两面均有糙伏毛，侧脉直伸至锯齿缘；叶柄长 7~13mm；托叶线形。花单性，雌雄同株；雄花成伞房花序，生于新枝基部的叶腋；雌花单生于新枝上部的叶腋，有梗；花被 5 裂，宿存。核果近球形或卵球形，长 8~10mm，被平伏硬毛；果柄短。花期 4~5 月，果期 8~10 月。中国原产，除东北、西北地区外，全国各地均有分布。山东崂山太清宫有高达 15m、胸径 1.24m 的千年古树，当地称龙头榆。此树喜光也耐阴，喜温暖湿润的气候和深厚肥沃砂质壤土。对土壤的要求不严，有一定耐盐碱能力，但不耐干旱瘠薄。抗烟尘和有毒气体。树冠广展，苍劲挺拔，枝叶茂密，浓荫盖地，是良好的"四旁"绿化树种。

千年古树龙头榆
游人膜拜求吉祥

株景　摄于青岛崂山太清宫

游人膜拜祈福

# 030 榆树
*Ulmus pumila* | 榆科

　　别名白榆、家榆。落叶乔木，高达 25m，胸径达 1m。树冠呈圆球形。小枝灰白色，无毛。叶椭圆状卵形或椭圆状披针形，先端尖或渐尖，基部一边为楔形、一边近圆，叶缘不规则重锯齿或单齿。花簇生，3~4 月先叶开放。翅果近圆形，熟时黄白色，无毛；果熟 4~6 月。阳性树种，喜光，耐旱、耐寒，耐土壤瘠薄、盐碱，适应性很强。生长快，寿命长。不耐水湿。具抗污染性，叶面滞尘能力强。广泛分布于我国东北、华北、西北、华东等地区。榆木木材坚韧，纹理通达清晰，硬度与强度适中，可制作精美的雕漆工艺品。榆树树干通直，树形高大，绿荫较浓，适应性强，生长快，是城乡绿化的重要树种，栽作行道树、庭荫树、防护林及"四旁"绿化用无不合适。在干瘠、严寒之地常呈灌木状，可用作绿篱。又因其老茎残根萌芽力强，可制作盆景。

草木知春不久归，百般红紫斗芳菲。
村卵榆荚无觅处，惟见漫天作雪飞。

——唐·韩愈

叶形

花序

球体造型

夏景

冬景　摄于东营市郊区

# O3I 龙爪榆

*Ulmus pumila* 'Pendula' | 榆科

枝叶

别名垂枝榆，落叶小乔木，株高 3~4m。单叶互生，椭圆状窄卵形或椭圆状披针形，长 2~9cm，基部偏斜，叶缘具单锯齿。花先于叶开放。翅果近圆形。喜光，抗干旱、耐盐碱、耐土壤瘠薄；耐寒，－35℃无冻梢；不耐水湿。根系发达，对有害气体有较强的抗性。枝条柔软、细长、下垂；生长快，树冠丰满，自然造型好，形态优美。适合作庭院观赏及公路、道路行道绿化，是城市园林绿化优良观赏树种。广泛栽培于我国东北及西北等地。

垂枝榆繁殖多采用白榆作砧木进行枝接和芽接。3 月下旬至 4 月可进行皮下枝接。定植后根据枝条生长快、耐修剪的特点，整形修枝，进行造型。对株距小、空间少的植株通过绑扎，抑强促弱，纠正偏冠，使枝条均匀下垂生长。当垂枝接近地面时，从离地面 30~50cm 处周围剪齐。

冬景

一树翠绿万丝垂
婀娜多姿赛仙女

株景　摄于哈尔滨市郊

行植景观

# O32　裂叶榆
## *Ulmus laciniata* | 榆科

　　别名青榆、大青榆、麻榆（河北）、大叶榆、粘榆（东北）、尖尖榆（山西翼城）。落叶乔木，高达27m，胸径达50cm。树皮淡灰褐色或灰色，浅纵裂。一年生枝幼时被毛，后变无毛或近无毛。叶呈倒卵形、倒三角状、倒三角状椭圆形或倒卵状长圆形，长7~18cm，宽4~14cm，先端通常3~7裂，裂片三角形，渐尖或尾状，不裂之叶先端具或长或短的尾状尖头；边缘具较深的重锯齿；叶面密生硬毛，粗糙，叶背被柔毛，沿叶脉较密。叶柄极短，长2~5mm，密被短毛。花在去年生枝上排成簇状聚伞花序，花果期4~5月。翅果椭圆形或长圆状椭圆形，长1.5~2cm，宽1~1.4cm，果核部分位于翅果的中部或稍向下。

果实

叶形

托叶

枝繁叶茂树荫浓　翠叶秀雅现玲珑

株景　摄于沈阳市郊

树干

# O33 大果榆
*Ulmus macrocarpa* | 榆科

秋色

果形

叶形

落叶乔木，高达10m，胸径达30cm。树冠扁球形。树皮灰黑色，小枝常有两条规则的木栓翅。叶倒卵形或椭圆形，有重锯齿，质地粗厚，有短硬毛。翅果大，红褐色，长毛。产于我国东北、华北和西北海拔1800m以下地区。喜光，耐寒，稍耐盐碱，可在含盐量0.16%土壤中生长。根系发达，萌蘖性强，寿命长。叶色在深秋变为红褐色，是北方秋色叶树种之一。材质较白榆好。冠大荫浓，树体高大，适应性强。常列植于公路及人行道，片植于草坪、山坡。也常密植作树篱。大果榆是北方农村"四旁"绿化的主要树种，也是防风固沙、水土保持和盐碱地造林的重要树种。

树势强旺适应广
深秋树叶转苍黄

株景

树皮

# O34 美国大叶垂榆
## *Ulmus americana* 'pendula' | 榆科

株景

落叶小乔木，树高多在 1.5~2.5m。叶色葱绿，青翠欲滴，叶横径 15~18cm。成形极快，当年生枝可达 1.5~2.5m，观赏价值极高，适应性强，凡生长榆树的地方都能正常生长，是当今城市行道、公园、街道、学校等美化环境的优良树种。栽培于我国东北、华北、西北、华东等地区。阳性树种，喜光，耐旱，耐寒，耐瘠薄，耐盐碱，不择土壤，适应性很强。根系发达，抗风力、保土力强。萌芽力强，耐修剪。生长快，寿命长。不耐水湿。

枝叶

行植景观

果穗

叶形

花形

# ○35 枫杨
*Pterocarya stenoptera*　胡桃科

　　别名枰柳、麻柳树、水麻柳、小鸡树、枫柳等。落叶大乔木，高达 30m。干皮灰褐色，幼时光滑，老时纵裂。小枝呈灰色，有明显的皮孔，髓芯片隔状。偶数羽状复叶互生，稀为奇数，小叶对生，叶轴具翅。花单性，雌雄同株，柔荑花序；雄花常具一枚花被片。坚果具 2 翅。中国原产，栽培利用已有数百年的历史，现广泛分布于华北、华南各地，以河溪两岸最为常见。喜光树种，不耐庇阴，但耐水湿、耐寒、耐旱，耐一定盐碱。深根性，主、侧根均发达，以深厚肥沃的河床两岸生长良好。速生，萌蘖能力强，对二氧化硫、氯气等抗性强。叶片有毒，鱼池附近不宜栽植。树冠广展，枝叶茂密，生长快速，根系发达，为河床两岸低洼湿地的良好绿化树种，既可以作为行道树，也可成片种植或孤植于草坪及坡地，均可形成良好景观。

婆姿摇曳舞东君
　悠荡秋千寻旧梦

株景

树干

# 036 乌桕
*Sapium sebiferum* | 大戟科

　　落叶大乔木，树高达 18m，胸径达 80cm。为木本油料经济林木，幼年生长快。30 年后高、径生长渐趋缓慢而冠辐迅速增大。实生苗 7~8 年、嫁接苗 3~5 年开始结实，20~50 年为盛果期，寿命可长达 100 年以上。

　　乌桕由头一年春梢上抽生的当年生春梢分化花芽并开花结实。春梢既是当年的结果枝又是来年的结果母枝，其质量和数量与产量的关系极为密切。如采收时留梢过长，则翌年抽生的春梢多而纤细；反之如留梢过短，则翌年抽生的春梢量少且易抽发夏梢。结果母枝控制留芽量在 5~7 个为宜。乌桕有鸡爪桕和葡萄桕 2 大品种群，单一品种的纯林授粉不良，产量极低，但两者的雌、雄花期却交互相遇，且授粉率高。在造林时，特别是在以嫁接苗营造的林分中，尤应注意二品种的适当搭配。

食客燕雀

开裂果实

叶形

株景

秋色

采莲南塘秋，莲花过人头；
日暮伯劳飞，风吹乌桕树。
　　　　　　——择自古诗

# O37 黄檀
*Dalbergia hupeana* | 蝶形花科

果实

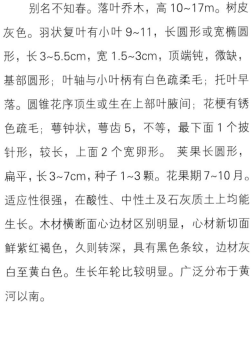

别名不知春。落叶乔木，高 10~17m。树皮灰色。羽状复叶有小叶 9~11，长圆形或宽椭圆形，长 3~5.5cm，宽 1.5~3cm，顶端钝，微缺，基部圆形；叶轴与小叶柄有白色疏柔毛；托叶早落。圆锥花序顶生或生在上部叶腋间；花梗有锈色疏毛；萼钟状，萼齿 5，不等，最下面 1 个披针形，较长，上面 2 个宽卵形。 荚果长圆形，扁平，长 3~7cm，种子 1~3 颗。花果期 7~10 月。适应性很强，在酸性、中性土及石灰质土上均能生长。木材横断面心边材区别明显，心材新切面鲜紫红褐色，久则转深，具有黑色条纹，边材灰白至黄白色。生长年轮比较明显。广泛分布于黄河以南。

花序

夕阳茅屋傍江边，
风斜炊烟降暮寒。
月光牛背牧童归，
遥望村前古黄檀。

秋色

叶形

# O38　枣树
*Zizyphus jujuba* | 鼠李科

落叶乔木。高达12m。具有刺枝，其刺成对生长，或呈直形，约1.5cm长，或弯曲且稍短。叶子呈椭圆长形，2.5~4cm长，1~2cm宽，缘锯齿状。聚伞花序，花黄色，花萼凸起呈尖形，小花瓣在顶部向后弯曲。耐土壤干旱、盐碱及贫瘠。树生长慢，木材坚硬细致。东北南部至华南、西南、西北到新疆均有分布，其中以黄河中下游、华北平原栽培最为普遍，占全国总产量80%以上。枣自古以来就被列为"五果"（桃、李、梅、杏、枣）之一，历史悠久。大枣最突出的特点是维生素含量高。在国外的一项临床研究显示：连续吃大枣的病人，健康恢复比单纯吃维生素药剂快3倍以上。因此，大枣有"天然维生素丸"的美誉，且香甜可口，人人喜食。

茶壶枣

磨盘枣

玛瑙硕果泛红光
甘甜清脆满口香

冬枣

天津人民公园枣林

株景　摄于山东东营利津 海滨

花形

# 039 石榴
*Punica granatum* | 石榴科

　　别名安石榴、海榴。落叶灌木或小乔木。高 2~9m。叶对生或簇生，呈长倒卵形至长圆形，或椭圆状披针形，长 2~8cm，宽 1~2cm，顶端尖，表面有光泽，背面中脉凸起；有短叶柄。花 1 至数朵，生于枝顶或腋生，有短柄；花萼钟形，橘红色，质厚，长 2~3cm，顶端 5~7 裂，裂片外面有乳头状突起；花瓣与萼片同数，生于萼筒内，倒卵形，稍高出花萼裂片，常为红色，或白、黄、深红色；花瓣皱缩，单瓣，或重瓣。变种有白花石榴、黄花石榴、复瓣白花石榴及重瓣红花石榴等。花期 6~7 月，果期 9~10 月。浆果，近球形，果熟期 9~10 月，外种皮肉质半透明，多汁。喜光，有一定的耐寒能力，喜湿润肥沃的石灰质土壤，较耐盐碱。石榴原产于伊朗、阿富汗等国家。现在我国南北各地除极寒地区外，均有栽培。

秋色 摄于东营市郊

行道树

榴花初放火般红
　丹果满树映碧空

果实

# O4O 毛白杨
## *Populus tomentosa* ｜ 杨柳科

　　落叶大乔木，树高达 25m。树皮灰白色，老时深灰色，纵裂。叶互生，三角状卵形，长 10~15cm，宽 8~12cm，先端尖，基部平截或近心形。柔荑花序，雌雄异株，先叶开放；雄花序长约 10~14cm；雌花序长 4~7cm；子房椭圆形，柱头 2 裂。蒴果长卵形，2 裂。花期 3 月，果期 4 月。种子有毛，漫天飞舞。强阳性树种，对土壤要求不严，较耐干旱瘠薄，较耐盐碱；耐烟尘，抗污染。根系发达，萌芽力强，生长较快，寿命长，可达 200 余年。原产我国，分布广，以黄河中下游为适生区。毛白杨树体高大挺拔，叶大荫浓，不择土壤，是城乡及工矿区优良绿化树种。

树皮枝痕

百花长恨风吹落
唯有杨花独爱风
　　—— 唐·吴融

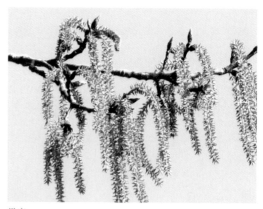

果序

株景　摄于东营市六户

叶形

# O4I 银白杨

*Populus alba* | 杨柳科

落叶大乔木，高达 15~30m，树冠宽阔。树皮白色至灰白色，基部常粗糙。小枝被白绒毛。萌发枝和长枝叶呈宽卵形，掌状 3~5 浅裂，长 5~10cm，宽 3~8cm，顶端渐尖，基部楔形、圆形或近心形，幼时两面被毛；短枝叶卵圆形或椭圆形，长 4~8cm，宽 2~5cm。叶缘具不规则齿；叶柄与叶片等长或较短，被白绒毛。雄花序长 3~6cm，雌花序长 5~10cm。蒴果圆锥形。西北、华北、辽宁南部及西藏等地均有栽培。喜光，耐严寒，耐干旱气候，但不耐湿热，耐含盐量在 0.4% 以下的土壤。但在黏重的土壤中生长不良。根系发达，抗病虫害能力强。寿命可达 90 年。树形高大，银白色的叶片在微风中摇曳，在阳光照射下有特殊的闪烁效果。可作庭荫树、行道树，还可作固沙、保土、护土固堤及荒沙造林树种。

银装素裹密生毛

抗旱耐碱寿命高

株景

花序

叶反面

叶正面

# O42 加拿大杨
## *Populus canadensis* | 杨柳科

　　落叶大乔木，高达 30m，胸径达 1m。小枝具 3 条棱脊，冬芽先端不贴紧枝条。叶近正三角形，长 7~10cm；先端渐尖，基部截形，边缘半透明，具钝齿，两面无毛；叶柄扁平而长，有时顶端具 1~2 个腺体。花期 4 月，果熟期 5 月。树冠开展呈卵圆形。树皮灰褐色，粗糙，纵裂。树体高大，树冠宽阔，叶片大且具有光泽，夏季绿荫浓密，很适合作行道树、庭荫树及防护林用。19 世纪中叶引入我国，各地普遍栽培，以华北、东北及长江流域最多。杂种优势明显，生长势和适应性均较强。性喜光，颇耐寒，喜湿润而排水良好之冲积土，对水涝、盐碱和瘠薄土地均有一定耐性。

叶形

株景

树干

树势强旺生长快
植株高大倍气派

# O43 钻天杨
*Populus nigra* var. *italica* ｜ 杨柳科

树叶

芽体

树干

落叶大乔木，高达30m。树皮暗灰褐色，老时沟裂。树冠圆柱形。芽呈长卵形，先端长渐尖，淡红色，富黏质。长枝叶扁三角形，通常宽大于长，长约7.5cm，先端短渐尖，基部截形或阔楔形，边缘具钝圆锯齿；短枝叶呈菱状三角形或菱状卵圆形，长5~10cm，宽4~9cm；叶柄上部微扁，长2~4.5cm，先端无腺点。雄花序长4~8cm，雄蕊15~30；雌花序长10~15cm。蒴果2瓣裂，先端尖，果柄细长。花期4月，果期5月。原产意大利，中国自哈尔滨以南至长江流域各地均有栽培，西北、华北地区最为常见。喜光，耐寒、耐干冷气候；湿热气候多病虫害。较耐盐碱和水湿，生长快，寿命不长。

拔地而起高入云
独占鳌头压群芳

株景

# O44 旱柳
*Salix matsudana* | 杨柳科

落叶大乔木，高达 20m，树冠圆卵形或倒卵形。树皮灰黑色，纵裂。枝条斜展，小枝淡黄色或绿色，无毛，微垂，无顶芽。叶互生，披针形至狭披针形，先端长渐尖，基部楔形，缘有细锯齿，叶背有白粉。托叶披针形，早落。雌雄异株，葇荑花序。原产我国，以黄河流域为栽培中心，东北平原，黄土高原，西至甘肃、青海等地皆有栽培。喜光树种，较耐寒，耐干旱，较耐盐碱，在含盐量 0.25% 的轻度盐碱地上仍可正常生长。树形美，适合于庭前、道旁、河堤、溪畔、草坪栽植。在北方，柳树是落叶树种中栽培面积最广、着绿期最长的乡土树种。常用于庭荫树、行道树，常栽培在河湖岸边或孤植于草坪，或对植于建筑两旁。亦用作公路树、防护林及沙荒造林、农村"四旁"绿化等。由于种子成熟后柳絮飘扬，放在工厂，街道路旁等处，最好栽植雄株。

株景

枝条

此夜曲中闻折柳　谁人不起故乡情
——唐·白居易

月挂柳梢

夕影

叶形、果实

叶形

# ○45 绿柳
## *Salix matsudana f. pendula* | 杨柳科

落叶大乔木，旱柳栽培变种，高可达 30 m，径达 60cm，生长迅速。柳枝细长，柔软下垂。喜光，耐寒性强，耐水湿又耐干旱。对土壤要求不严，干瘠砂地、低湿沙滩和弱盐碱地上均能生长。树皮组织厚，纵裂，老龄树干中心多朽腐而中空。叶互生，线状披针形，长 7~15cm，宽 6~12cm，两端尖削，边缘具有腺状小锯齿，表面浓绿色，背面为绿灰白色，两面均平滑无毛，具有托叶。花开于叶后，菜荑花序，有短梗，略弯曲，长 1~1.5cm。果实为蒴果，成熟后 2 瓣裂，内藏种子多枚，种子上具有一丛棉毛。对空气污染、二氧化硫及尘埃的抵抗力强，适合于都市庭园中生长，尤其于水池或溪流边。华北、东北、西北至淮河流域园林中习见栽培，常被误认为是垂柳，应该区分。

枝条

冠形

春风一夜满树翠
万千金丝空中垂

株景 摄于天津水上公园

# O46 垂柳
*Salix babylonica* | 杨柳科

花序

　　落叶大乔木，高达18m，树冠倒广卵形。小枝细长下垂，下垂长度3~4m。叶狭披针形至线状披针形，长8~16cm，先端渐长尖，缘有细锯齿，表面绿色，背面蓝灰绿色。叶柄长约1cm。托叶镰形，早落。雄花具2雄蕊，2腺体；雌花子房仅腹面具1腺体。花期3~4月；果熟期4~5月。主要分布长江流域及其以南各地平原地区，华北、东北少见。喜光，喜温暖湿润气候，较耐寒，较耐盐碱。萌芽力强，根系发达。生长迅速。垂柳耐水性很强，被水淹160天，保存率仍达80%以上。初期生长快，寿命较短，易于繁殖、更新。垂柳发芽早、落叶晚，枝条柔软，纤细下垂，有些品种枝条呈金黄色，微风吹来，自然潇洒，妩媚动人。最适于河岸、湖边绿化。垂柳多见于江南，北方人们常说的垂柳实为绦柳。

春到人间

绊惹春风别有情　世间谁敢斗轻盈
——唐·彦谦《咏柳》

株景　摄于东营市老年公寓

初春

# 047 馒头柳
*Salix matsudana* cv. Umbraculifera Rehd ｜ 杨柳科

株景

　　落叶乔木，高约5~8m。旱柳变种。分枝密，端稍整齐，树冠半圆形，状如馒头。喜光，耐寒，耐旱，耐盐碱，耐水湿，耐修剪，适应性强，是北方地区优良的造林和园林绿化树种，一年中显绿期最长，把尽量多的绿色奉献给人们。馒头柳的枝叶向外生长，生长在树冠的最外面一圈，所以它的绿面积特别大。

人间二月不见春
惟见圆柳报春来

片植景观

# 048 臭椿
## *Ailanthus altissima* ｜ 苦木科

落叶大乔木，树高可达30m，胸径可达
1m。树冠呈扁球形或伞形。树皮灰白色或灰黑色，
平滑，稍有浅裂纹。小枝粗壮，叶痕大。奇数羽
状复叶，互生，小叶近基部具少数粗齿，齿端有
1腺点，有臭味。雌雄同株或异株。圆锥花序顶
生，花小，杂性，白绿色。翅果，有扁平膜质翅。
对土壤要求不严，较耐盐碱，pH的适宜范围为
5.5~8.2。对氯气抗性中等，对氟化氢及二氧化
硫抗性强。生长快，根系深，萌芽力强。臭椿树
干通直高大，春季嫩叶紫红色，秋季红果满树，
是良好的观赏树和行道树。可孤植、丛植或与其
他树种混栽，适宜于城乡、工厂及矿区等地绿化。
在印度、英国、法国、德国、意大利、美国等地
常常作为行道树。

果实

花枝

树皮

株景　摄于天津人民公园

枝繁叶茂绿荫浓
世界知名天堂树

# 049 香椿

*Toona sinensis* | 棟科

果穗

　　别名香椿头、香椿芽。落叶乔木，可高达10多米。叶互生，偶数羽状复叶，小叶6~10对，幼叶紫红色，成年叶绿色。圆锥花序顶生，下垂，两性花，白色，有香味。蒴果，狭椭圆形或近卵形，长2cm左右，成熟后呈红褐色，果皮革质，开裂成钟形。抗寒能力随苗树龄的增加而提高。香椿喜光，较耐湿，一般以沙壤土为好，较耐盐碱。香椿树干通直，树冠开阔，枝叶浓密，嫩叶红艳，常用作庭荫树、行道树，园林中常配置于疏林。香椿被称为"树上蔬菜"，每年春季谷雨前后，香椿发的嫩芽可做成各种菜肴，不仅美味可口，且营养丰富。

香椿芽

美味蔬菜树上采
营养丰富人人爱

花形

果壳

香椿树

# 050 苦楝
## *Melia azedarach*   楝科

别名楝树，紫花树，楝枣子。落叶大乔木，高达20m，树冠宽阔而平顶。小枝粗壮，皮孔多而明显。叶互生，2~3回奇数羽状复叶，小叶卵形至椭圆形，先端渐尖，缘有锯齿。圆锥状复聚伞花序，腋生，花淡紫色，有香味。核果近球形，熟时黄色，宿存枝头，经冬不落。苦楝在我国分布很广，黄河流域以南、华东及华南等地皆有栽培。强阳性树，不耐庇阴，喜温暖气候，对土壤要求不严，较耐盐碱，在含盐量0.4%以下的土壤中能正常生长。幼树不抗寒，生长快，寿命短。苦楝树形潇洒，枝叶秀丽，花淡雅芳香，又耐烟尘、抗污染并能杀菌。故极适宜作庭荫树、行道树。

食客

花形

枝叶

枝叶秀丽花芳香
冬果提供鸟食粮

行道树景观

叶形

# O51 白蜡树
*Fraxinus chinensis* | 木犀科

别名梣、小叶白蜡。落叶大乔木，树高多 10~15m，树冠卵圆形。树皮黄褐色；小枝光滑无毛。奇数羽状复叶，对生，小叶 5~9 枚。白蜡树是白蜡虫的最适寄主，历史上西昌等地建有许多白蜡树园放养白蜡虫，以取白蜡。木材坚韧，供制家具、农具、车辆、胶合板等；枝条可编筐。树皮称"春皮"，中医学上用为清热药。耐盐碱性土壤，耐水湿，耐寒。分布自我国东北中南部，经黄河流域和长江流域，南达广东和广西，东南至福建，西至甘肃均有分布。该树种形体端正，高大通直，枝叶繁茂而鲜绿，秋叶橙黄，是优良的行道树和遮荫树，可广泛用于城乡园林绿化。变种对节白蜡树叶色苍翠，叶形细小、造型优美、庄重典雅，抗污染、耐瘠薄、病虫害少、管理简单、寿命长，是良好的园林观赏树种，群植或单植均可形成特殊景观，同时也是优秀的盆景材料。

夏景

株景 摄于天津水上公园

秋色

# O52 桑树
*Morus alba* | 桑科

　　落叶乔木，高达16m，胸径达1m，树冠多倒卵圆形。叶呈卵形或宽卵形，先端尖或渐尖，基部圆形或心形，锯齿粗钝。聚花果（桑椹）紫黑色、淡红或白色，多汁味甜。花期4月，果熟5~7月。耐寒，可耐 −40℃的低温，耐旱，不耐水湿。较耐盐碱，抗风，耐烟尘，抗有毒气体。根系发达，生长快，萌芽力强，耐修剪，寿命长，一般可达数百年。我国农民自古采桑养蚕，以农桑为业，源远流长。桑树树冠丰满，枝叶茂密，秋叶金黄，适生性强，管理容易，为城市绿化的理想树种。桑椹又名桑果，早在 2000 多年前，桑椹已是中国皇帝御用的补品，具有天然生长、无任何污染的特点。

桑树枝干

果实

树干

叶形

自古桑梓喻中原
丝绸茶马九州遍

叶形

枝干

# ○53 构树
*Broussonetia papyrifera* | 桑科

　　别名楮树，落叶乔木，高6~16m。枝叶含有乳白汁液。树皮蝉灰色，平滑，枝条粗壮而平展。叶互生，柄长，叶片阔卵形或有3~5裂，边缘具粗锯齿，表面为暗绿色，且被粗毛；叶背灰绿色，密生柔毛。雌雄异株，雄花为葇荑花序，着生于新生嫩枝的叶腋；雌花为头状花序。果为肉质球形，有长柄，熟时红色。构树的适应性强，喜光、耐旱、较耐盐碱。常野生生于村庄附近、荒地或沟旁。全国大部分地区有分布，主产河南、湖北、湖南、山西、甘肃。构树的内皮层纤维较长而柔软，吸湿性强，常用于货币印制。

野生野长生命强
树皮造纸特高档

株景　摄于天津市区

果形

# O54 柘树
## *Cudrania tricuspidata* | 桑科

落叶灌木或小乔木，高达 8m。幼枝有细毛，后脱落；枝有硬刺，刺长 5~30mm。叶呈卵形或倒卵形，长 3~12cm。花排列成头状花序，单生或成对腋生。聚花果近球形，红色。花期 6 月，果期 9~10 月。适生性很强，喜光亦耐阴，耐寒，喜钙土，耐干旱瘠薄，较耐盐碱。柘树是在我国有着"南檀北柘"之称的名贵树种，木材纹理非常细腻清晰，手感温润，独具天然之美。柘木是制弓的良材，其心材更是雕刻制作工艺品和高档家具的上乘材料。由于生长十分缓慢，极难成材，故其心材尤为珍贵。柘树叶秀果丽，适应性强，可在公园的边角、背阴处、街头绿地作庭荫树或刺篱。

适应广泛生长慢
木材珍稀价可观

花序

果实

枝叶

树干

株景

果实

叶形

树干

# O55 无花果
*Ficus carica* | 桑科

　　落叶乔木或灌木，高约3~5m。干皮灰褐色，平滑或不规则纵裂。小枝粗壮，托叶包被幼芽，托叶脱落后在枝上留有极为明显的环状托叶痕。单叶互生，厚膜质，长10~20cm，3~5掌状深裂。花序托有短梗，单生于叶腋。雄花生于一花序托内面的上半部，雄蕊3；雌花生于另一花序托内。聚花果梨形，熟时紫红或黄色。自6月中旬至10月均可成花结果。原产于欧洲地中海沿岸和中亚地区，唐朝时传入我国，以长江流域和华北沿海地带栽植较多。喜温暖湿润的海洋性气候，喜光、喜肥，不耐寒，不抗涝，较耐干旱，较耐盐碱。叶片宽大，果实奇特，夏秋果实累累，是优良的庭院绿化和经济树种。无花果除鲜食、药用外，还可加工制果干、果脯、果酱、果汁、果茶、果酒、饮料、罐头等。无花果干无任何化学添加剂，味道浓厚、甘甜，在国内外市场极为畅销。当年栽植当年结果，是极好的盆栽果树之一。

西域圣树传中国
　叶雅枝俏果奇甜

株景　摄于东营市郊

# 056 金银木
*Lonicera maackii* | 忍冬科

　　落叶小乔木，常丛生成灌木状，高可达 8m。花是优良的蜜源，果是鸟的美食，并且全株可药用。小枝中空。单叶对生，叶呈卵状椭圆形至披针形，先端渐尖，叶两面疏生柔毛。花成对腋生，二唇形花冠。花开之时初为白色，后变为黄色，故得名"金银木"。浆果球形，亮红色。花期5月至6月，果熟期8月至10月。性强健，喜光，耐半阴，耐旱，耐寒，较耐盐碱。春天可赏花闻香，秋天可观红果累累。金银木是园林绿化中最常见的树种之一，常被丛植于草坪、山坡、林缘、路边或建筑周围，老桩可制作盆景。

果枝

花形

花开金银映双辉　丹果累累照眼明

盛花株景

# 057 无患子
*Sapindus mukorossi* | 无患子科

果实

叶形

别名菩提树、洗手果、肥皂果、假龙眼、鬼见愁等。落叶或常绿大乔木，高达 25m。枝开展，小枝无毛，密生多数皮孔。偶数羽状复叶，互生，无托叶，有柄。小叶 8~12 枚，广披针形或椭圆形，长 6~15cm，宽 2.5~5cm，先端长尖，全缘。圆锥花序，顶生及侧生。花杂性，小形，无柄，总轴及分枝均被淡黄褐色细毛；萼 5 片，外 2 片短，内 3 片较长，圆形或卵圆形；花冠淡绿色，5 瓣，卵形至卵状披针形，有短爪；花盘杯状；雄花有 8~10 枚发达的雄蕊，着生于花盘内侧；雌花子房上位，通常仅 1 室发育。核果球形，径 15~20mm，熟时黄色或棕黄色。种子球形，棕色，径 12~15mm。花期 6~7 月，果期 9~10 月。树干通直，枝叶广展，绿荫稠密。冬季，树叶色金黄，故称黄金树。10 月果实累累，橙黄美观，是优良观叶、观果树种。喜光、稍耐阴，可耐 -10℃低温。对土壤要求不严，有一定耐盐碱能力。深根性，抗风力强。对二氧化碳及二氧化硫抗性很强，是工业城市生态绿化的首选树种。

与佛有缘菩提树
果实取液可浣衣

株景

花序

秋色

# O58 文冠果
## *Xanthoceras sorbifolia* | 无患子科

落叶小乔木，树高可达 8m。枝粗壮直立，嫩枝呈红褐色。叶互生，奇数羽状复叶。 花为总状花序，多为两性花，花 5 瓣，白色，基部里面呈紫红色斑纹，美丽而具香气。 果实为蒴果，黄白色，长 3.5~6.0 cm，表面粗糙，3 瓣开裂，每果内含种子 8~10 粒，种子球形，直径 1cm。文冠果喜阳，耐半阴，对土壤适应性很强，耐瘠薄、耐盐碱，抗寒能力强。分布于东北和华北及陕西、甘肃、宁夏、安徽、河南等地。文冠果是我国特有的一种优良木本食用油料树种，种子含油率为 30%~36%，种仁含油率为 55%~67%。其中不饱和脂肪酸中的油酸占 52.8%~53.3%，亚油酸占 37.8%~39.4%，易被人体消化吸收。文冠果木材纹理细致，抗腐性强，是制作家具和农具的良材；根是制作根雕及雕刻的上等材料。文冠果花美、叶奇、果香，具有极高的观赏价值，是园林绿化的珍贵资源，也是行道树的首选。

种子

果实

花序

枝叶

株景 摄于黑龙江大庆市龙凤公园

花色艳丽溢芬芳
木本油料用途广

花形

果实

# 059 栾树
*Koelreuteria paniculata* | 无患子科

别名北栾、北京栾。落叶乔木，高达 15m，树冠近似圆球形。奇数羽状复叶，互生，小叶 7~15 枚，叶缘有齿，春季嫩叶褐红色，秋季变为黄褐色。花小，花瓣黄色，在枝顶组成圆锥花序，花期 6、7 月。种子黑色，圆球形。喜生于石灰石风化产生的钙基土壤中，不耐寒，在中国只分布在黄河流域和长江流域下游，在海河流域以北很少见。栾树春季发芽较晚，秋季落叶早，生长期较短，生长缓慢，树形扭曲，不成材，木材只能用于制造一些小器具。种子可以榨制工业用油。喜光，稍耐半阴；耐寒；耐干旱和瘠薄，喜欢生长于石灰质土壤中，耐盐渍及短期水涝。栾树树形端正，枝叶茂密而秀丽，春季嫩叶多为红叶，夏季黄花满树，入秋叶色变黄，果实紫红，形似灯笼，十分美丽。宜做庭荫树，行道树及园景树。

枝叶秀丽花鲜黄
果似灯笼照眼亮

叶形

秋色

# 060 国槐
*Sophora japonica* ｜ 蝶形花科

别名家槐、槐树。落叶乔木，高 15~25m。羽状复叶长 15~25cm。叶轴有毛，基部膨大。小叶 9~15 片，卵状长圆形。圆锥花序顶生。荚果肉质，串珠状，长 2.5~5cm。花果期 9~12 月。性耐寒，喜光，稍耐阴，不耐阴湿而抗旱，在低洼积水处生长不良。深根，对土壤要求不严，较耐瘠薄，石灰及轻度盐碱地（含盐量 0.15% 左右）上也能正常生长。病虫害不多。耐烟毒能力强。古树多，寿命长。中国北部分布较为集中，常见于华北平原及黄土高原。国槐经济价值高，木材耐水湿，有弹性，材质优良；花可入药，而且还可制作颜料；种子可榨油制皂。国槐是吉祥、幸福、美好的象征，城乡人民自古以来就喜欢栽植。国槐为北京市、西安市、大连市、山东省泰安市的市树。

花形

果实

不择土壤适应广
　　长寿家族寿星多

枝条

株景

# 061 金枝国槐
## *Sophora japonica* 'Golden Stem' | 蝶形花科

金枝

片植景观

　　别名黄金槐，落叶乔木，属国槐变种，高约8~10m。树茎、枝为金黄色，特别是在冬季，这种金黄色更浓、更加艳丽，独具风格，颇富园林木本花卉之风采，具有很高的观赏价值。1998年山东省枣庄市从韩国成功引种。叶互生，6~16片组成羽状复叶，叶椭圆形，长2.5~5cm，光滑，淡黄绿色。干直，树形自然开张，树态苍劲挺拔，枝繁叶茂，主侧根系发达。生长快，当年嫁接苗可长1.5~2m高，第二年2.5~3.5m。性耐寒，能抵抗-30℃的低温；耐干旱，耐瘠薄，较耐盐碱。主产区为华北、华东及华中诸省。黄金槐的用途除直接作为绿化品种外，还可用来嫁接黄茎垂槐、黄茎香花槐等。当黄金槐生长到1.5~2m的高度时定干，再取垂枝槐、香花槐的接穗进行二次嫁接，这样培育出的黄茎垂枝槐观赏价值更上档次，是道路、风景区等园林绿化的珍品。

初春新芽美如花
冬来满树黄金条

散植远景

# O62 刺槐
*Robinia pseudoacacia* | 蝶形花科

花开烂漫

　　落叶乔木，高达15m。原产于北美洲，公元1877年从欧洲传入中国，因其适应性强、生长快、繁殖易、用途广而受到欢迎，现已遍布全国。树叶基部有一对1~2mm长的刺。穗状花序，果实为荚果。刺槐木材坚硬，耐腐蚀，燃烧缓慢，热值高。刺槐对土壤要求不严，适应性很强，对土壤盐碱不敏感。在底土过于黏重的黏土及粗沙土上生长不良。有一定抗旱能力，但在严重干旱季节往往枯梢。刺槐树形美观，花色洁白，香气四溢，其观赏价值逐渐受到人们的重视。尤其是在立地条件差、环境污染重的地区，经常作为行道树，庭荫树及荒山荒地绿化的先锋树种。根部有根瘤，有提高地力之效。冬季落叶后，枝条疏朗向上，很像剪影，造型颇有国画韵味。

树姿优美悦人目
花开烂漫溢芬芳

树姿秀美

株景　摄于天津水上公园

银装素裹

# 063 香花槐

*Robinia pseudoacacia* 'Idaho'　│ 蝶形花科

花枝

花形

落叶乔木，树高 5~8m。原产西班牙。树皮褐色，光滑。羽状复叶，叶椭圆形，长 4~8cm，比刺槐叶大，光滑，鲜绿色。花序腋生，红色，芳香，密生成总状花序，呈下垂状，长 8~12cm；在北方每年 5 月和 7 月开两次花，在南方每年开 3~4 次花。无荚果，不结种子。性耐寒，能抗 −25℃至 −28℃低温。耐干旱、耐瘠薄、耐盐碱。树形苍劲，姿态优美，可以广泛用于园林及行道绿化，又可用作草坪点缀，园林置景。香花槐被誉为 21 世纪黄金树，成为园林绿化首推速生观赏树种。香花槐通过埋根、组培、硬枝扦插、嫩枝扦插、嫁接等形式都能繁殖。尤其是埋根的方法，十分容易成活。当年埋的几厘米长的根条，当年苗木可高达 2~3m，并形成树冠。

花开艳红似彩霞
芬芳浓郁遍地香

花丛

# O64 合欢
*Albizzia julibrissin* | 含羞草科

别名芙蓉树。落叶乔木，树高达 7m。适应能力强，耐盐碱，也耐严寒、干旱及瘠薄。初夏时节满树花开，清晨花朵为乳白色或淡粉色，傍晚则转为深红色，清香袭人。树叶随着日出而开，日落而合，奇妙无比。花叶清奇，绿荫如伞，极宜植于堂前供观赏及作绿荫树。树皮及花可供药用，安神解郁、活血止痛、开胃利气，提取的浸膏外用有消肿解毒之功效。合欢在滨海盐碱地园林绿化上应用广泛，是一个不可多得的盐碱地区绿化树种。10 月采种，翌年春季播种。3~4 年后幼树主干高达 2m 以上时，可进行定干修剪。

果实

造访

花丛

树叶朝开暮合拢
　初夏满树红芙蓉

花枝

株景  摄于东营东城

# O65 皂荚

*Gleditsia sinensis* | 苏木科

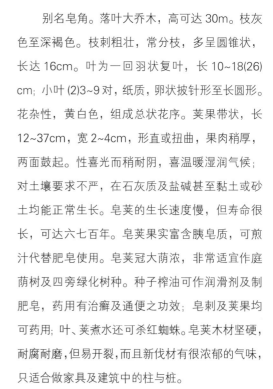

别名皂角。落叶大乔木，高可达 30m。枝灰色至深褐色。枝刺粗壮，常分枝，多呈圆锥状，长达 16cm。叶为一回羽状复叶，长 10~18(26) cm；小叶 (2)3~9 对，纸质，卵状披针形至长圆形。花杂性，黄白色，组成总状花序。荚果带状，长 12~37cm，宽 2~4cm，形直或扭曲，果肉稍厚，两面鼓起。性喜光而稍耐阴，喜温暖湿润气候；对土壤要求不严，在石灰质及盐碱甚至黏土或砂土均能正常生长。皂荚的生长速度慢，但寿命很长，可达六七百年。皂荚果实富含胰皂质，可煎汁代替肥皂使用。皂荚冠大荫浓，非常适宜作庭荫树及四旁绿化树种。种子榨油可作润滑剂及制肥皂，药用有治癣及通便之功效；皂刺及荚果均可药用；叶、荚煮水还可杀红蜘蛛。皂荚木材坚硬，耐腐耐磨，但易开裂，而且新伐材有很浓郁的气味，只适合做家具及建筑中的柱与桩。

果实

花形

叶形

身披棘刺多野趣
荚果熬汁可洗衣

株景

枝刺

# 066 山皂角
*Gleditsia japonica Miq.* 苏木科

落叶乔木，高可达 30m。枝灰色至深褐色；刺粗壮，为多次分枝，两侧压扁，基部略为圆柱形。叶为一回羽状复叶，长 10~18(26)cm；小叶 (2)3~9 对，纸质，卵状披针形至长圆形，长 2~8.5 (12.5)cm。花杂性，黄白色，组成总状花序；花序腋生或顶生，长 5~14cm，被短柔毛。雄花：直径 9~10mm；两性花：直径 10~12mm；花梗长 2~5mm。荚果带状，长 12~37cm，宽 2~4cm，明显扭曲。果肉稍厚，两面鼓起，或有的荚果短小，多少呈柱形，果瓣革质，褐棕色或红褐色，常被白色粉霜；种子多颗，长圆形或椭圆形，长 11~13mm，宽 8~9mm，棕色，光亮。花期 3~5 月；果期 5~12 月。原产中国长江流域，较耐盐碱，自中国北部至南部及西南均有分布。

荚果

枝刺

株景

果实

# O67 毛泡桐
*Paulownia tomentosa* ｜ 玄参科

　　落叶大乔木，高达 30m，在热带为常绿。树冠圆锥形、伞形或近圆柱形。叶对生，大而有长柄，生长旺盛的新枝上有时 3 枚轮生，心脏形至长卵状心脏形，基部心形，全缘、波状或 3~5 浅裂。在幼株中常具锯齿，多毛，无托叶。花成小聚伞花序，花冠大，紫色或白色，花冠漏斗状钟形至管状漏斗形，腹部有两条纵褶（仅白花泡桐无明显纵褶），内面常有深紫色斑点。蒴果卵圆形、卵状椭圆形、椭圆形或长圆形，室背开裂，2 裂或不完全 4 裂，果皮木质化；种子小而多，有膜质翅，具少量胚乳。性耐寒耐旱，耐盐碱，耐风沙，抗性很强。对气候的适应范围很大，高温 38℃以上生长受到影响，绝对最低温度在 −25℃时受冻害。我国特产，分布很广，主要在东北，华东、华中及西南等地，仅西部有野生，日本、朝鲜等亦有引种。

植株高大生长快
木材出口价昂贵

树干

叶形

株景

花形

# 068 二球悬铃木
*Platanus × acerifolia* | 悬铃木科

别名英国梧桐。落叶大乔木,高达 30m。17 世纪在英国牛津,人们用一球悬铃木(又叫美国梧桐)和三球悬铃木(又叫法国梧桐)作亲本,杂交成二球悬铃木,取名"英国梧桐"。在欧洲广泛栽培后,最开始由法国人把它带到上海,栽在当时的霞飞路。我国现南北各地大量栽培的多为此种。树姿雄伟,高 30 余米。树皮光滑,大片块状脱落。嫩枝密生灰黄色绒毛。叶阔卵形,宽 12~25cm,长 10~24cm,上下两面嫩时有灰黄色毛。多掌状 5 裂,中央裂片宽度与长度约相等。花通常 4 数。果枝有头状果序 1~2 个,稀为 3 个。耐寒性差,北京幼树易受冻害,须防寒。不择土壤,耐干旱、瘠薄,亦耐湿及轻盐碱。早在一百多年前,我国各地就开始用英桐替代法桐作为城市行道树,但因"法桐"已被人叫顺了,改不过来。故为我国人民遮风避雨了上百年的多是英桐,而名扬天下的却是它的近亲法桐。

树大根深叶葱茏
　　行道树中最闻名

果实

秋色

树皮

株景

叶形

# 069 杏树

*Armeniaca vulgaris* | 蔷薇科

杏实

落叶乔木，高 5~8m，胸径达 30cm。干皮暗灰褐色，无顶芽，冬芽 2~3 枚簇生。单叶互生，叶卵形至近圆形，长 5~9cm，宽 4~8cm，先端具短尖头，基部圆形或近心形，缘具圆钝锯齿，羽状脉。花两性，单花无梗或近无梗。花萼狭圆筒形，萼片花时反折。花白色或微红，雄蕊 25~45 枚，短于花瓣。果球形或卵形，熟时多浅裂，黄红色，微有毛。种核扁平圆形，花期 3~4 月，果熟 6~7 月。阳性树种，深根性，喜光，耐旱，耐盐碱，抗寒，抗风，寿命较长，可达百年以上。原产于中国新疆，现已广泛分布到秦岭，淮河以北地区，南方也有少量栽培。杏是人们喜欢的水果，含有丰富的营养和多种维生素。杏子可制成杏脯，杏酱等。杏仁主要用来榨油，也可制成食品。药用有止咳、润肠之功效。杏仁是我国传统的出口商品，每年为国家换取大量外汇。

春花烂漫

花形

杏花夜开清明雨
一梦醒来遍地春

杏园

花枝

# 070 杏梅
*Armeniaca mume var. bungo* | 蔷薇科

　　别名"洋梅"。落叶小乔木,树高多为2~4m,是杏(或山杏)与梅的杂交种。杏梅枝叶介于梅、杏之间,花托肿大,梗短,花不香,果味酸,果核表面具蜂窝状小凹点。杏梅是一个值得推广的梅花品系,其优点在于:杏梅的花期大多介于梅花中花品种与晚花品种之间,若梅园植之,则可在中花与晚花品种间起衔接作用。杏梅生长强健,病虫害较少,特别是具有较强的抗寒性,能在北京等地安全过冬,故是北方建立梅园的良好梅品。杏梅系的梅花观赏价值高,花径大、花色丽亮且花期长。梅花品种及变种很多,目前大品种有30多个,下属小品种有300多个,一般花期在2~3个月。

花形

花枝

当年走马锦城西
　曾为梅花醉似泥
　——宋·陆游《梅花绝句》

花丛

盛花株景

# 071 垂丝海棠
## *Malus halliana* | 蔷薇科

花形

果实

花枝

花序

　　落叶小乔木，高可达8m。垂丝海棠是中国的特有花木植物，主要分布于四川、安徽、陕西、江苏、浙江、云南等地，目前已广泛引种栽培。枝干峭立，树冠广卵形。叶互生，椭圆形至长椭圆形。花5~7朵簇生，伞总状花序；花柄特长，多为5~8cm；花冠未开时红色，开后渐变为粉红色，多为半重瓣。梨果球状，黄绿色。常见的垂丝海棠有两种，一为红花重瓣垂丝海棠，花为重瓣；二为白花垂丝海棠，花近白色，小而梗短。喜阳光，不耐阴，也不甚耐寒，土壤要求不严，微酸或微碱性土壤均可成长。此花生性强健，栽培容易，不需要特殊技术管理，唯不耐水涝，盆栽须防止水渍，以免烂根。垂丝海棠不仅花色艳丽，其果实亦玲珑雅观。至秋季果实成熟，红黄相映，高悬枝间，恰似红灯点点，随风荡漾，别具风情。

无波可照底须窥　与柳争娇也学垂
　　　　——宋·杨万里《咏垂丝海棠》

盛花株景

# O72 柿树
*Diospyros kaki* ｜ 柿树科

　　落叶乔木，高 5~10m。枝开展，绿色至褐色，无毛，散生纵裂的长圆形或狭长圆形皮孔。嫩枝初时有棱，有棕色柔毛，冬芽小，卵形。叶纸质，呈卵状椭圆形至倒卵形或近圆形，通常较大，长 5~18cm，宽 2.8~9cm。花雌雄异株，但间或有雄株中有少数雌花，雌株中有少数雄花的。花序腋生。浆果，扁圆形或圆锥形，橙黄色或黄色，可食。木材可以制器具。喜温暖湿润气候，也耐干旱，对土壤要求不严格，在山地、平原、微酸、微盐碱土壤上均能生长，也很耐潮湿土地。柿树广泛分布于华北、华东、西北等地。果实美味多汁，含有丰富的胡萝卜素、维生素 C、葡萄糖、果糖和钙、磷、铁等矿物质。柿子不但营养丰富，而且有较高的药用价值。生柿能清热解毒，是降压止血的良药，对治疗高血压、痔疮出血、便秘有良好的疗效。柿叶在日本更大受推崇，以此制成的柿叶茶，含有大量人体必需的维生素 C。

花形

果实

冬景

不择土壤广适应
金秋柿红照眼明

株景

秋色

# O73 杜梨

*Pyrus betulifolia* | 蔷薇科

别名棠梨。落叶乔木，高可达 12m。小枝棘刺状。叶长卵形，长5~9cm，叶缘有粗锯齿。花乳白色，果赭石色，粒径 2cm 左右。花期 4 月中下旬至 5 月上旬，果熟期为 8 月中下旬至 9 月中旬。果实圆而小，味涩，腐熟后可食。其实生苗是嫁接梨的主要砧木。适生性强，喜光、耐寒、耐旱、耐涝、耐瘠薄，在中性土及盐碱土中均能正常生长。在土壤含盐量为 0.4%，pH 值为 8.5 的条件下，生长旺盛。杜梨不仅生性强健，且树形优美，花色洁白，在北方地区确为不容忽视的一个好树种。

果实

花形

抗寒抗旱抗盐碱
北国树木一枭雄

叶形

盛花株景　摄于东营市郊

# 074 沙梨
*Pyrus pyrifolia* | 蔷薇科

　　落叶乔木，高达 15m。沙梨因其黄中透亮，形似芒果，又像腰鼓，故称金珠果，加之独特的保健功能，被人们誉为梨中珍品。肉质酥脆细腻，汁液丰富，酸甜浓郁，蕴含山欧李、山楂、山樱桃等多种野生山果之独特清香，令人百食不厌。食之有显著的润肺止咳、养颜排毒、软化血管、健脑益智、延缓衰老等保健功效。沙梨极耐贮藏和运输，采收后在 0~15℃条件下可贮藏 5 个月，保持质量不变。小枝光滑，幼时有绒毛，1~2 年生枝紫褐色或暗褐色。叶卵状椭圆形，长 7~12cm，先端长尖，基部圆形或近心形，缘具刺毛状锐齿，有时齿端微向内曲。叶柄长 3~4.5cm。花白色，果实圆锥形或扁圆形，赤褐色或青白色。我国长江流域和珠江流域广泛栽培。

果实

花形

花开寒洁欺明月　一树皎白可赢雪
　　　　　　——唐·岑参《咏梨花》

花枝

株景

# 075 碧桃
*Amygdalus persica f. duplex* | 蔷薇科

落叶小乔木，高 3~4m。枝红褐色，有亮光，芽密被灰色绒毛。叶椭圆状披针形。花单生，粉红色、绛红色、大红色。花期 4 月，果熟期在 7~8 月。喜夏季高温，喜光耐旱，不耐水湿，有一定的耐寒力。因其适应性强，在北方地区的公园、庭院、绿地等景点广为种植。碧桃宜栽植于砂壤土或砾壤土的地块，有一定耐盐碱能力。要避免在低洼排水不良的地方栽植，栽植时切忌过密过深。旱季每周浇一次透水为宜。

花瓣红

花朵红

白中透红色迷离
繁花似锦现朦胧

盛花株景

花枝红

# 076 菊花桃

*Prunus persica* Chrysanthemoides ｜ 蔷薇科

落叶灌木或小乔木，高达10m。菊花桃因花形酷似菊花而得名，是观赏桃花中的珍贵品种。树干灰褐色，小枝灰褐至红褐色，叶椭圆状披针形。花生于叶腋，粉红色或红色，重瓣，花瓣较细，盛开时犹如菊花。花期3~4月，花先叶开放或花、叶同放。花后一般不结果。分布于中国北部及中部地区。喜通风良好的环境，耐干旱、轻盐碱、高温和严寒，不耐阴，忌水涝。要求有充足的阳光，地栽宜植于光线充足处，盆栽也要将花盆摆放在室外阳光明亮处，即使盛夏也不必遮光，以免因光照不足使花朵小而稀少。菊花桃植株不大，株型紧凑，开花繁茂，花型奇特，色彩鲜艳，可栽植于广场、草坪以及庭院。

酷似菊花形优雅
花色艳丽夺人目

花形

盛花株景

花枝

花丛

红花绿叶

# 077 山楂
*Fructus Crataegi* | 蔷薇科

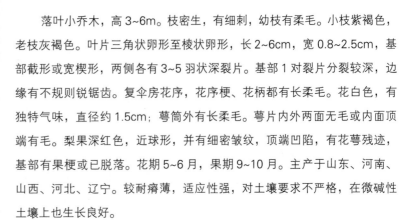
花序

果实

　　落叶小乔木，高 3~6m。枝密生，有细刺，幼枝有柔毛。小枝紫褐色，老枝灰褐色。叶片三角状卵形至棱状卵形，长 2~6cm，宽 0.8~2.5cm，基部截形或宽楔形，两侧各有 3~5 羽状深裂片。基部 1 对裂片分裂较深，边缘有不规则锐锯齿。复伞房花序，花序梗、花柄都有长柔毛。花白色，有独特气味，直径约 1.5cm；萼筒外有长柔毛。萼片内外两面无毛或内面顶端有毛。梨果深红色，近球形，并有细密皱纹，顶端凹陷，有花萼残迹，基部有果梗或已脱落。花期 5~6 月，果期 9~10 月。主产于山东、河南、山西、河北、辽宁。较耐瘠薄，适应性强，对土壤要求不严格，在微碱性土壤上也生长良好。

枝叶秀雅花洁白
丹果累累映山红

株景

# 078 龙柏
*Juniperus chinensis* 'Kaizuka' | 柏科

圆柏变种。常绿乔木，高 4~8m。喜阳光，适宜种植于排水良好的砂质土壤上。树皮呈深灰色，树干表面有纵裂纹。树冠圆柱状。叶大部分为鳞状叶，少量为刺形叶，沿枝条紧密排列成十字对生。花（孢子叶球）单性，雌雄异株，于春天开花，花细小。球果浆质，表面披有一层碧蓝色的蜡粉，内藏两颗种子。枝条呈螺旋伸展，向上盘曲，好像盘龙姿态，故名"龙柏"。龙柏耐旱，耐盐碱。龙柏主枝延伸性强，可任其自然生长，不可随意剪除或损坏。龙柏有时修剪成圆球形、鼓形、半球形及绿篱，别具一格，观赏价值很高，我国各地广为栽培。

点缀草坪

行道树

枝叶翠绿悦人目
树姿盘曲似龙腾

龙柏球

株景　摄于东营市老年之家

# O79 侧柏
## *Platycladus orientalis* | 柏科

常绿乔木。树高可达 20m。树皮褐色，纵裂。小枝扁平。叶鳞片状，小形。雌雄同株，球花单生枝顶。球果近卵形。种子长卵形，无翅。侧柏喜光，但幼苗、幼树有一定耐阴能力。较耐寒，抗风力较差。特耐土壤干旱、贫瘠，在微酸性至微碱性土壤上皆能生长，抗盐碱能力较强。生长缓慢，寿命极长。木质软硬适中，细致，有香气，耐腐力强，多用于建筑、家具、细木加工等。种子、根、叶和树皮可入药。分布极广，北起内蒙古、吉林，南至广东及广西北部，均有分布。

古柏伴侣

叶形

身居石缝度春秋
汉柏峥嵘五千年

古柏神韵

古汉柏

株景

# 080 黑松
## *Pinus thunbergii* | 松科

　　常绿乔木，高可达25m。树皮灰黑色。叶2针一束，质地粗硬。新芽白色，冬芽各针叶长6~15cm，断面半圆形，内有3个树脂管，中生。叶鞘由20多个鳞片形成，长约1.2cm。四月开花，雌花生于新芽的顶端，呈紫色，多数种鳞（心皮）相重而排成球形。每个种鳞基部，裸生2个胚球。球果至翌年秋天成熟，鳞片裂开而散出种子，种子有薄翅。果鳞的鳞脐具有短刺。阳性树种，喜光，耐寒冷，不耐水涝，耐干旱、瘠薄及轻盐碱土。因其耐海雾，抗海风，也可在海滩生长。抗病虫能力强，生长慢，寿命长。黑松一年四季常青，是滨海园林绿化及荒山绿化首选树种。

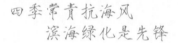

四季常青抗海风
　　滨海绿化是先锋

雌花

球果

滨海绿化景观

滨海住宅小区绿化景观

# 灌 木
GUANMU

# O81 柽柳
## *Tamarix chinensis* | 柽柳科

　　灌木或小乔木，高3~6m。幼枝柔弱，开展而下垂，红紫色或暗紫色。叶互生，披针形，鳞片状，小而密生，呈浅蓝绿色。花小而密生，每朵花具1线状钻形的绿色小苞片。花5数，粉红色。萼片卵形。花瓣椭圆状倒卵形，长约2mm。雄蕊着生于花盘裂片之间，长于花瓣。子房呈圆锥状瓶形，花柱3，棍棒状。蒴果长约3.5mm，3瓣裂。花期4~9月，果期6~10月。根系特发达，长可达几十米，以能吸到深层的地下水。柽柳不怕沙埋，被流沙埋住后，枝条能顽强地从沙包中探出头来，继续生长，是防风固沙的优良树种之一。柽柳有很强的抗盐碱能力，能在含盐0.5%~1%的盐碱地上生长，是改造盐碱地的难得树种。

花枝

茫茫海滩赤地千里
　　独见柽柳艰守一绿

海滩散生

海岸野生植株

盛花株景

# 082 小果白刺
*Nitraria sibirica* | 蒺藜科

株景

冬景

别名西伯利亚白刺、地枣、地椹子、沙樱桃等。常匍匐地面生长，株高30~50cm。多分枝，少有分枝直立。树皮淡黄色，小枝灰白色，尖端刺状，枝条无刺或少刺。叶互生，密生在嫩枝上，4~5簇生，倒卵状长椭圆形，叶长1~2cm，先端钝，基部斜楔形，全缘，表面灰绿色，背面淡绿色，肉质，被细绢毛，无叶柄，托叶早落。花序顶生，蝎尾状聚伞花序，萼绿色，萼片三角形，花瓣黄白色。果实近球形，径5mm左右，果实成熟时初为红色，后为黑色，酸、涩，微有甜味，含多种人体需要的微量元素。花期5~6月，果熟期7~8月。性耐寒、耐旱、耐瘠薄，特耐土壤盐碱。常见于我国滨海及内陆盐碱地、河流及水渠旁、湖海边缘的沙地、盐渍化的低沙地。主要分布于华东沿海、内蒙古、甘肃、宁夏、青海、新疆等地。以果实入药，甘，微咸，温。主治调经活血，消食健脾，身体虚弱，气血两亏，脾胃不和，消化不良，月经不调，腰酸腿痛等。

极耐盐碱分布广
果实入药可保健

果枝

叶形

# 083 紫穗槐
*Amorpha fruticosa* | 蝶形花科

落叶丛生灌木，高1~4m。丛生，枝叶繁密，直伸。皮暗灰色，平滑，有凸起锈色皮孔，幼时密被柔毛。侧芽很小，常两个叠生。叶互生，奇数羽状复叶，小叶11~25枚，卵形，狭椭圆形，先端圆形，全缘，叶内有透明油腺点。总状花序密集，顶生或枝端腋生，花轴密生短柔毛，萼钟形，常具油腺点；旗瓣蓝紫色，翼瓣、龙骨瓣均退化。荚果弯曲，长7~9mm、棕褐色，密被瘤状腺点，不开裂，内含1种子，种子具光泽，千粒重10g。花果期5~10月。紫穗槐喜光、耐寒、耐旱、耐湿、耐盐碱、抗风沙，抗逆性极强，在荒山坡、道路旁、河岸、盐碱地均可生长。

春夏秋冬风风雨雨
　　护坡固堤无怨无悔

花枝

花序

种实

株景

# 084 牡丹
*Paeonia suffruticosa* | 芍药科

黑牡丹

绿牡丹

多年生落叶小灌木，生长缓慢，株型小，株高多在0.5~2m之间。根肉质，粗而长，中心木质化，长度一般在0.5~0.8m，极少数根长度可达2m。二回三出羽状复叶，互生。花单生茎顶，花径10~30cm，花色有白、黄、粉、红、紫及复色，有单瓣、复瓣、重瓣和台阁型花，花萼5片。牡丹是我国特有的木本名贵花卉，花大色艳、雍容华贵、富丽端庄、芳香浓郁，而且品种繁多，素有"国色天香"、"花中之王"的美称，长期以来被人们当作富贵吉祥、繁荣兴旺的象征。牡丹以洛阳、菏泽最负盛名。喜阴，畏强光，要求疏松、肥沃、排水良好的中性土或沙土，耐轻盐碱，忌黏重土壤及低湿处栽植。花期4~5月。多采用嫁接方法进行栽培，又多选用芍药作为砧木。

颖是洛川神女作
千娇万态破朝霞
——唐·徐凝

山东菏泽牡丹园

白牡丹株景

# O85 罗布麻
## *Apocynum venetum* | 荚竹桃科

别名野麻、茶棵子、红麻、茶叶花。直立亚灌木，高 1.5~3m。全株具乳汁。枝条圆筒形，光滑无毛，紫红色或淡红色。叶对生；叶柄长 3~6mm；叶片椭圆状披针形至卵圆状长圆形，长 1~5cm，宽 0.5~1.5cm，先端急尖至钝，具短尖头，基部急尖至钝；叶缘具细齿，两面无毛。圆锥状聚伞花序，一至多歧，通常顶生；花 5 数，红色；花萼裂片披针形或卵圆状披针形。雄蕊着生于花冠筒基部，花药箭头状；雌蕊长 2~2.5mm，花柱短，上部膨大。蓇葖果 2 枚，平行或叉生，下垂，长 8~20cm，直径 2~3mm。种子多数，卵圆状长圆形。花期 4~9 月，果期 7~12 月。罗布麻强耐盐碱、耐寒、耐旱、耐沙、耐风。我国广泛分布于华东、华北、西北等地有盐碱地的地方。罗布麻入药则为知名降压药。

茎干柔细花绯红
　　盐碱滩上一娇容

叶丛

株景

花形

# 086 仙人掌
*Opuntia stricta* | 仙人掌科

仙人掌科植物是个大家族，它的成员至少在两千种以上。原产美洲和非洲，其中尤以墨西哥分布最多，素有"仙人掌王国"之称。仙人掌被墨西哥人誉为"仙桃"。仙人掌从头到脚都长满了白色的小刺，很多仙人掌类植物的果实，不但可以生食，还可酿酒或制成果干。仙人掌历来是美洲传统的食品，是人们日常生活中不可缺少的一种特色蔬菜和水果，人们将仙人掌洗净切碎后煮在汤中、或是架在炉上烤制、或是做成馅饼、或是直接将新鲜的仙人掌腌制，还有的用仙人掌来酿酒。仙人掌类植物普遍耐干旱，耐盐碱。

红花型

株景

沙生植物群落

黄花型

不争百日艳，一现昙花香。
凛凛刺裹身，威武压群芳。

# 087 石榴
*Punica granatum* | 石榴科

别名安石榴、海榴，落叶灌木或小乔木，高2~5m。叶倒卵形或椭圆形，无毛。花期5~6月，花色多为朱红色，亦有黄色和白色。浆果近球形，果熟期9~10月。外种皮肉质半透明，多汁，内种皮革质，性味甘、酸涩、温，具有杀虫、收敛、涩肠、止痢等功效。石榴果实营养丰富，维生素C含量比苹果、梨要高出一两倍。性喜光，有一定的耐寒能力，喜湿润肥沃的石灰质土壤，耐盐碱。重瓣花的多难结实，以观花为主；单瓣花的易结实，以观果为主。石榴原产于伊朗、阿富汗等国家。树姿优美，枝叶秀丽，初春嫩叶抽绿，婀娜多姿；盛夏繁花似锦，色彩鲜艳；秋季累果悬挂，极富观赏价值。或孤植或丛植于庭院、游园之角，或对植于门庭之出处，或列植于小道、溪旁、坡地、建筑物之旁，均有理想效果。

丹果

榴花初染赛火红
硕果涂丹映碧空

姊妹果

花形

秋色

# 088 月季石榴
*Punica granatum* 'Nana' | 石榴科

花形

别名月榴、四季石榴、火石榴等。石榴变种。树冠矮小，高仅 1m 左右。小枝四棱形，细密而柔软。叶椭圆状披针形，长 1~3cm，宽 3~5mm，在长枝上对生，短枝上簇生。叶色浓绿、油亮。花萼硬，红色，肉质，开放之前成葫芦状；花朵小，朱红色，重瓣，花期长；果较小，古铜红色，挂果期长。喜阳光充足和干燥环境，耐干旱，不耐水涝，不耐阴，对土壤要求不严，较耐盐碱。花石榴既可观花又可观果，小盆盆栽可供窗台、阳台和居室摆设；大盆盆栽可布置公共场所和会场。地栽石榴适于风景区的绿化配置。中国华东、华北及西北各地均有栽培。

树冠矮小花果密
小巧玲珑别一格

绿篱

株景

行道树

# 089 火棘
*Pyracantha fortuneana*

蔷薇科

又名救军粮、救命粮、火把果、赤阳子。常绿灌木或小乔木，高达 4m。小枝短刺状。叶倒卵形，长 1.6~6cm。复伞房花序，小花 10~22 朵，花径 1cm，白色。花瓣数 5，雄蕊 20，雌蕊 1。花期 3~4 月。果近球形，径 8~10mm，成穗状着生，每穗有果 10~20 余个。9 月底开始变红，一直可保持到春节。是一种极好的春季看花、冬季观果植物。果可食。适作中小盆栽培，或在园林中丛植、孤植于草地边缘。分布于黄河以南及广大西南地区。喜强光，耐贫瘠，耐盐碱，抗干旱。黄河以南可露地种植；华北需盆栽，置塑料棚或低温温室越冬。

株景（拍于山东省东营市郊）

花开五月白如雪，
硕果累累似彩虹。
无意早春争高低，
但求红火在秋冬。

枝叶

果枝

# 090 木槿

*Hibiscus syriacus* | 锦葵科

落叶灌木，高 3~4m。小枝密被黄色星状绒毛。叶菱形至三角状卵形，长 3~10cm，宽 2~4cm。花单生于枝端叶腋间，花梗长 4~14mm，被星状短绒毛；花钟形，花色多种，直径 5~6cm，花瓣倒卵形，长 3.5~4.5cm，外面疏被纤毛和星状长柔毛；雄蕊柱长约 3cm，无毛。蒴果卵圆形，直径约 12mm，密被黄色星状绒毛。种子肾形，背部被黄白色长柔毛。花期 7~10 月。适应性强，南北各地均有栽培。喜阳光也能耐半阴。耐寒，在华北和西北大部分地区都能露地越冬。对土壤要求不严，较耐瘠薄，能在黏重及碱性土壤中生长。惟忌干旱，生长期需适时适量浇水，经常保持土壤湿润。嫩叶可食用。

红花型

园花笑芳年，池草艳春色。
犹不如槿花，婵娟玉阶侧。
——唐·李白《咏槿》

单瓣花

重瓣花

# 091 小叶丁香
*Sytinga microphyla* ｜ 木犀科

落叶灌木，高约 2.5m。幼枝灰褐色，被柔毛。叶卵圆形或椭圆状卵形。全缘。圆锥花序疏松，侧生，淡紫红色。花期 4 月下旬至 5 月上旬。小叶丁香的叶子比普通丁香小，枝干也较低，枝条柔细，树姿秀丽，花色鲜艳，且一年两度开花，弥补了园林夏秋无花的不足，为园林中常见花灌木。喜充足阳光，也耐半阴。适应性较强，耐寒、耐旱、耐瘠薄、耐盐碱，病虫害较少。丁香是雅俗共赏的观赏植物，开时芳菲满目，清香远溢。用以露植在庭院、园圃，或用以盆栽摆设在书室、厅堂，或作为切花插瓶，都会令人感到风采秀丽，清艳宜人。

花形

花序

春回大地百花艳
芳香袭人属丁香

株景

# 092 夹竹桃
## *Nerium oleander*　｜　夹竹桃科

红花型

常绿直立大灌木，高达5m。叶3~4枚轮生，在枝条下部为对生，窄披针形，长11~15cm，宽2~2.5cm。侧脉扁平，密生而平行。聚伞花序顶生；花萼直立；花冠深红色，芳香，重瓣；副花冠鳞片状，顶端撕裂。蓇葖果矩圆形，长10~23cm，直径1.5~2cm；种子顶端具黄褐色种毛。原产伊朗，现广植于热带及亚热带地区；我国黄河以南各省区均有栽培。茎皮纤维为优良混纺原料，根及树皮含有强心贰和酐类结晶物质及少量精油；茎叶可制杀虫剂。其茎、叶、花朵都有毒。喜光，喜温暖湿润气候，不耐寒，忌水渍，耐一定程度空气干燥。适生于排水良好、肥沃的中性土壤，微酸性、微碱土也能适应。

花中游

三春过后芳菲尽
此花无日不露红

花开烂漫

# O93 三角梅
*Bougainvillea spectabilis* | 紫茉莉科

常绿攀援状灌木。别名叶子花、毛宝巾、九重葛，花叶勒杜鹃。株高1~3m。枝具刺、拱形下垂。单叶互生，卵形全缘或卵状披针形，被厚绒毛，顶端圆钝。花顶生，小，黄绿色，常三朵簇生于三枚较大的苞片内。苞片为主要观赏部位，三角状，有鲜红色、橙黄色、紫红色、乳白色等。苞片形似艳丽的花瓣，故名叶子花、三角花。冬春之际，姹紫嫣红的苞片展现，给人以奔放、热烈的感受，因此又得名贺春红。喜温暖湿润气候，不耐寒，在3℃以上才可安全越冬，15℃以上方可开花。喜充足光照。对土壤要求不严，在排水良好、含矿物质丰富的黏重壤土中生长良好，耐贫瘠、耐碱、耐干旱，忌积水，耐修剪。

花枝

花簇

株景

花丛

点缀春光三角梅，
千红万艳锦霞堆。
浓情醉倒看花客，
梦乡仍呼快甘杯。

# 094 枸杞
*Lycium chinense* | 茄科

株景

多分枝灌木植物，高 0.5~1m，栽培时可达 2m 多。枸杞适应性强，不择土壤，耐盐碱。国内各地均有分布，以盐碱地区为常见。枸杞全身是宝，枸杞嫩叶亦称枸杞头，可食用或作枸杞茶；枸杞果有滋补肝肾、益精明目功效。用于虚劳精亏，腰膝酸痛，眩晕耳鸣，内热消渴，血虚萎黄，目昏不明，并能抗动脉粥样硬化。枸杞还可用园林绿篱栽植、树桩盆栽以及用作水土保持的灌木等。

僧房药树依寒井，井有清泉药有灵。
上品功能甘露味，还知一勺可延龄。
——刘禹锡《枸杞井》

枝叶

果枝

花形

# O95 玫瑰
*Rosa rugosa* | 蔷薇科

直立落叶灌木，高 1~2.5m。茎丛生，有茎刺。单数羽状复叶，互生，叶明显折皱；小叶 5~9 片，总叶柄 5~13cm，小叶椭圆形或椭圆状倒卵形，长 1.5~4.5cm；托叶大部附着于叶柄，边缘有油腺点；叶柄基部的刺常成对着生。花单生于叶腋或数朵聚生，苞片卵形，花直径 4~5.5cm，上有稀疏柔毛，下密被腺毛和柔毛；花冠鲜艳，紫红色，芳香。果扁球形，熟时红色，内有多数小瘦果，萼片宿存。玫瑰花可提取高级香料玫瑰油，玫瑰油价值比黄金还要昂贵，故玫瑰有"金花"之称。玫瑰原产亚洲东部地区；我国现在主要分布在华北、西北和西南，日本、朝鲜等地也有分布。喜阳光，耐旱，耐涝，耐盐碱，也耐寒冷，最适宜生长在较肥沃的砂质土壤中。

玫瑰刺绕枝　菡萏泥连萼
——唐·白居易

株景

花丛

叶形

花形

枝刺

# 096 酸枣
*Ziziphus jujuba var.spinosa* | 鼠李科

果实

落叶灌木或小乔木，高 1~3m。小枝"之"字形弯曲，紫褐色。托叶刺有 2 种，一种直伸，长达 2cm，另一种常弯曲。叶互生，叶片椭圆形至卵状披针形，长 1.5~3.5cm，宽 0.6~1.2cm，边缘有细锯齿，基部 3 出脉。花黄绿色，2~3 朵簇生于叶腋。核果小，熟时红褐色，近球形或长圆形，长 0.7~1.5cm，味酸，核两端钝。花期 4~5 月，果期 8~9 月。喜温暖干燥气候，耐旱，耐寒，耐盐碱。我国广泛分布于华北、华东、西北各地野外山坡、旷野或路旁。酸枣的营养价值很高，普遍作为食品。酸枣仁具有重要药用价值，治疗神经衰弱等症。

野生野长抗性强
果仁催人入梦乡

枝叶

# 097　凤尾兰
*Yucca gloriosa* ｜ 龙舌兰科

常绿灌木，高 1~2.5m。茎通常不分枝或分枝很少。叶片剑形，长 40~70cm，宽 3~7cm，顶端尖硬，螺旋状密生于茎上，叶质较硬，有白粉，边缘光滑或老时有少数白丝（别于丝兰）。圆锥花序，花朵杯状，下垂，花瓣 6 片，乳白色，合成心皮雌蕊，花期 6~10 月。蒴果椭圆状卵形，长 5~6cm，不开裂。喜温暖湿润和阳光充足环境，耐寒，耐阴，耐旱也较耐湿，对土壤要求不严，耐盐碱。对有害气体如 $SO_2$、HCL、HF 等都有很强的抗性和吸收能力。凤尾兰常年浓绿，花、叶皆美，树态奇特，常植于花坛中央、建筑前、草坪中、池畔、台坡、建筑物、路旁等处。原产北美东部及东南部。我国黄河以南温暖地区广泛露地栽培。

花形

基生叶

花似白玉叶似箭
四季常青耐人看

株景

# O98 黄刺玫
*Rosa xanthine* | 蔷薇科

叶形

落叶灌木，高 2~3m。小枝无毛，有散生皮刺。奇数羽状复叶，小叶 7~13 枚，连叶柄长 3~5cm；小叶片宽卵形或近圆形；叶轴、叶柄有稀疏柔毛和小皮刺。花单生于叶腋，单瓣或重瓣，无苞片，花瓣黄色，宽倒卵形。蔷薇果近球形或倒卵形，紫褐色或黑褐色，直径 8~10mm。花期 4~6 月；果期 7~9 月。喜光，稍耐阴，耐寒力强。对土壤要求不严，耐干旱和瘠薄，在盐碱土上也能生长。原产我国东北、华北至西北地区，现各地广为栽培。适合庭园观赏，丛植或花篱均宜。

适应广泛树势强
春夏花开一片黄

花形

盛花株景

花丛

# O99 金叶莸

*Caryopteris clandonensis* 'Worcester Gold'

马鞭草科

落叶小灌木，株高 0.5~1m，冠幅达 1m。枝条圆柱形。单叶对生，叶楔形，长 3~6cm，叶面光滑，鹅黄色，叶先端尖，基部钝圆形，边缘有粗齿。聚伞花序，花冠蓝紫色，高脚碟状，腋生于枝条上部，自下而上开放；花萼钟状，二唇形 5 裂，下裂片大而有细条状裂，雄蕊 4 枚；花冠、雄蕊、雌蕊均为淡蓝色，花期 7~9 月。喜光，也耐半阴，耐旱、耐热、耐寒，较耐盐碱。主要分布于西北、东北、华北各地。园林上主要用作地被植物，当年栽植即可开花，具有衬托色彩的效果。

花枝

叶形

株景

枝叶

# IOO 大叶醉鱼草
*Buddleia davidii* | 马钱科

落叶灌木，株高 1~2.5m。树皮茶褐色，多分枝；小枝四棱形，有窄翅；单叶对生；具柄，柄上密生绒毛；叶片纸质，卵圆形至长圆状披针形，长 3~8cm，宽 1.5~3cm，先端尖，基部楔形，全缘或具稀疏锯齿。穗状花序顶生，长18~40cm，花倾向一侧；花萼管状，4 或 5 浅裂，有鳞片密生；花冠细长管状，微弯曲，紫色，长约 15mm。蒴果长圆形，长约 5mm，有鳞，熟后 2 裂，基部有宿萼。花期 4~7 月，果期 10~11 月。大叶醉鱼草耐寒、耐旱、耐瘠薄、较耐盐碱；忌水涝；植株萌发力极强。在园林绿化中可植于草地，也可用作坡地、墙隅绿化，装点山石、庭院、道路、花坛等，都非常优美。也可作切花用。

花开缤纷壮观
　　误食醉倒难醒

白花的植丛

红花的植丛

红花的花序

白花的花序

# IOI 洒金千头柏
*Platycladus orientalis* 'Aurea Nana' | 柏科

秋色

　　洒金千头柏是侧柏的一个品种，其树冠多为矮生，株高 1~1.5 m。树冠球形至卵圆形。叶淡黄色，入冬略转褐色至金黄色，仿佛金沙笼罩。洒金柏在我国分布很广，南北各地都有分布，其中又以黄河流域为其集中分布区，是园林绿化的重要树种之一。群植中混交一些观叶树种，则斑斓若霞，交相辉映，艳丽夺目。对有毒气体具中强度抗性，可用作厂区、街道绿化。枝叶洒金，黄绿相间，十分美观，可孤植或丛植观赏。

果实

片种植景观

丛植景观

花形

# 藤蔓植物
## TENGMAN ZHIWU

## IO2　鹅绒藤
*Cynanchum chinense* | 夹竹桃科　　茎蔓攀援是高手　抗盐耐碱有奇能

多年生攀援草本，株高 0.5~2m。全株被短柔毛。根圆柱形，灰黄色。茎缠绕，多分枝。叶对生，宽三角状心形，长 3~7cm，宽 3~6cm，先端渐尖，基部心形，全缘，具长 2~5cm 的叶柄。聚伞花序腋生，总花梗长 3~5cm，具多花；花萼 5 深裂，裂片披针形，花冠白色，辐射状，具 5 深裂，裂片为条状披针形，长 4~5mm；副花冠杯状，外轮 5 浅裂；种子矩圆形，长约 5mm，黄棕色，顶端具白绢状种毛。花期 6~7 月，果期 8~9 月。生命力强，耐干旱、瘠薄、盐碱。广泛分布于华北、华东、华中等盐碱土地区。

## IO3　凌霄
*Campsis grandiflora* | 紫葳科

凌空千尺走龙蛇，隐映柴门野老家。
挤把长缨麾落月，乱飘异粉染晴霞。
　　　　　　——宋·舒岳祥

多年生藤本。株高达 20m。树皮灰褐色，呈细条状纵裂。叶对生，奇数羽状复叶，小叶 7~9 枚。顶生聚伞花序或圆锥花序，花大型，漏斗状，外橘黄，内鲜红色。扦插、压条、分株及播种法繁殖。花前追肥水，可促其叶茂花繁。凌霄花于夏、秋季开花，花期长，花朵大，鲜艳夺目。适用于攀附墙垣。产陕西、河北、河南、山东、江苏、江西、湖南、湖北、福建、广东、广西等省份。性喜阳，略耐阴，喜温暖、湿润气候，不耐寒。要求排水性良好、肥沃湿润的土壤。较耐水湿，也耐干旱，并有一定的耐盐碱能力。

## IO4　金银花
*Lonicera japonica* | 忍冬科　　多年藤本缠绕生　入药广治热性病

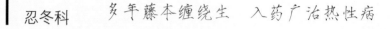

半常绿多年生藤本，株高达 5m。幼枝红褐色，密被黄褐色、开展的硬直糙毛、腺毛和短柔毛，老枝常无毛。叶纸质，卵形至矩圆状卵形，有时卵状披针形，稀圆卵形或倒卵形，叶柄长 4~8mm，密被短柔毛。总花梗通常单生于小枝上部叶腋，与叶柄等长或稍短。苞片大，叶状，卵形至椭圆形，长达 2~3cm。金银花两面均有短柔毛或有时近无毛；小苞片顶端圆形或截形；萼筒长约 2mm，无毛。萼齿卵状三角形或长三角形，顶端尖而有长毛，外面和边缘都有密毛；花冠白色，有时基部向阳面呈微红，后变黄色。金银花既能宣散风热，还善清解血毒，用于各种热性病，如身热、发疹、发斑、热毒疮痈、咽喉肿痛等症，均效果显著。

# I05　爬山虎
*Parthenocissus tricuspidata*　葡萄科

飞檐走壁气势宏，迎风顶日绿葱葱。
一年四季缺芳菲，赶在深秋绣一红。

多年生大型落叶木质藤本植物，高可攀30m。树皮有皮孔，髓白色。枝条粗壮，老枝灰褐色，幼枝紫红色。枝上有卷须，卷须短，多分枝，卷须顶端及尖端有黏性吸盘，遇到物体便吸附在上面，无论是岩石、墙壁或是树木，均能吸附。爬山虎适应性强，性喜阴湿环境，但不怕强光，耐寒、耐旱、耐盐碱、耐贫瘠。气候适应性广泛，在暖温带以南冬季也可以保持半常绿或常绿状态。它对二氧化硫等有害气体有较强的抗性。广泛分布我国各地。

# I06　五叶地锦
*Parthenocissus quinquefolia*　葡萄科

故乡在美国，漂洋来九州。
翠茎托五叶，丹色染三秋。

落叶大藤本，茎蔓长达30m。具分枝卷须，卷须顶端有吸盘。叶变异很大，通常五小叶，小叶宽卵形，先端多3裂，边缘有粗锯齿。聚伞花序，常生于短枝顶端两叶之间。花小，黄绿色。浆果球形，蓝黑色，被白粉。花期6月，果期10月。分布于中国东北至华南各省区。朝鲜、日本也有。茎蔓纵横，密布气根，翠叶遍盖如屏，秋后入冬，叶色变红或黄，十分艳丽，是垂直绿化主要树种之一。适于配植宅院墙壁、围墙、庭园入口处、桥头石块等处。它对二氧化硫等有害气体有较强的抗性，宜作工矿街区绿化材料。

# I07　扶芳藤
*Euonymus fortunei*　卫矛科

攀崖爬壁绝处生，缺土少水仍葱茏。
秋冬枝叶红透紫，来年迎春芽早青。

常绿或半常绿灌木，匍匐或攀援，攀高约5m。叶对生，广椭圆形或椭圆状卵形以至长椭圆状倒卵形，长2.5~8cm，宽1.5~4cm，先端尖或短锐尖，基部阔楔形，边缘具细锯齿，质厚或稍带革质。聚伞花序腋生；萼片4；花瓣4，绿白色。蒴果球形。种子外被橘红色假种皮。花期6~7月，果期9~10月。广泛分布于中国华北、华东、中南、西南各地。扶芳藤为地面覆盖的最佳绿化观叶植物，特别是它的彩叶变异品种，更有较高的观赏价值。夏季黄绿相容，有如绿色的海洋泛起金色的波浪；到了秋冬季，则叶色艳红，又成了一片红海洋，实为园林彩化、绿化的优良植物。

## 108 紫藤
*Wisteria sinensis* | 蝶形花科

紫藤挂云木，花蔓宜阳春。
密叶隐歌鸟，香风留美人。
——唐·李白

落叶攀援缠绕大藤本，攀高达30m。干皮深灰色，不裂。花紫色或深紫色，美丽。紫藤为暖带及温带植物，对气候和土壤的适应性强，较耐寒，耐盐碱，耐水湿及瘠薄土壤；喜光，较耐阴。紫藤原产我国，华北、华东、华中、华南、西北和西南地区均有栽培。普遍栽培于庭园及城市绿地，以供观赏。花可炒作菜食，茎叶可供药用。

## 109 南瓜
*Cucurbita moschata* | 葫芦科

一年生草质藤本，蔓长达5m。具卷须。叶形大，阔卵形，浅裂。花黄色，单性，生于叶腋，雌雄同株。果为瓠果，成熟时鲜橙红色，亦有金黄、橙黄色，下部常呈灰绿色。壳硬，不开裂，种子多数。观果期7~10月。原产南美热带，我国各地广泛栽培。喜温暖，性强健，要求疏松而肥沃的土壤，较耐盐碱。

## 110 蛇瓜
*Trichosanthes anguina* | 葫芦科

一年生藤蔓植物，茎蔓长达5m。蛇瓜以嫩果实为蔬，嫩叶和嫩茎也可食。嫩瓜含丰富的碳水化合物、维生素和矿物质，营养丰富。蛇瓜性凉，入肺、胃、大肠经，能清热化痰，润肺滑肠。蛇瓜形状奇特，是很好的观赏植物。另该植物少有病虫危害，可成为无公害蔬菜，具有一定的市场潜力。不择土壤，耐轻盐碱。目前国内栽培很少，现山东莱阳濯村植物园有规模栽培。

# 草本
## CAO BEN

## 111　二色补血草
*Limonium bicolor*

白花丹科　　枝叶扶疏清秀　花开双色玲珑

多年生草本，高达 60cm。全株光滑无毛。茎丛生，直立或倾斜。叶多根出，匙形或长倒卵形，基部窄狭成翅柄，近于全缘。花茎直立，多分枝，花序着生于枝端而位于一侧，或近于头状花序；萼筒漏斗状，棱上有毛，缘部 5 裂，折叠，干膜质，白色或淡黄色，宿存；花瓣 5 枚，匙形至椭圆形；雄蕊 5 枚，着生于花瓣基部；子房上位，1 室，花柱 5，分离，柱头头状。蒴果具 5 棱，包于萼内。花期 7~10 月。为盐碱地拓荒植物。分布于辽宁、陕西、甘肃、山东、山西、河南、河北、江苏、内蒙古等地。二色补血草花形玲珑秀美，花色艳丽，强耐盐碱，具有极高观赏价值，不少盐碱地区园林部门进行引种，已取得满意效果。

## 112　大叶补血草
*Limonium gmelinii*

白花丹科　　莫说花小不争艳　玲珑翡翠也迷人

多年生草本，高 40~80cm。全株光滑无毛（除萼外）。根粗壮。叶基生，莲座状，多数，绿色或灰绿色，长圆状倒卵形或宽椭圆形，长 12~30cm，宽 3~8cm，先端微圆，向下渐收缩成宽的叶柄，为叶片长的 1/2~1/4；茎生叶退化为鳞片状，棕褐色，边缘呈白色膜质。花轴 1 个或几个，上面分枝，有少数不育细枝或无。花蓝紫色，聚集成短而密的小穗，由小穗组成聚伞花序，长圆盾状或塔形，集生于花轴分枝顶端。种子长卵圆形，长 2mm，宽 0.6mm，深紫棕色。花期 7~9 月，果期 8~9 月。常生长在草甸盐土和盐渍化的低地上。

## 113　碱蓬
*Suaeda glauca*

藜科　　谁说小草等闲辈　万亩海滩红烂漫

别名灰绿碱蓬。一年生草本，高 30~150 cm。茎直立，有条纹，上部多分枝；枝细长，斜伸或开展。叶无柄，线形，长 1.5~5cm，宽 1.5mm，先端尖锐，灰绿色，排列稠密，光滑或微被白粉；茎上部的叶渐变短。枝叶入夏后逐渐转红，极为艳丽。花两性，单生或通常 2~5 朵集生，有短柄，排列成聚伞花序。两性花，所生的果实呈球形，顶端露出。花期 7~8 月，果期 9~10 月。生长于海滩、河谷、路旁、田间等处盐碱土壤上。我国多见于东北、西北、华北和江苏、山东、河南等地。

## 114　盐地碱蓬
### *Suaeda salsa*　　藜科

枝叶肉质耐盐碱　采来食用味道美

　　一年生草本，高20~80cm。茎绿色或紫红色，茎圆柱形，直立性差。略有条棱，上部多分枝。枝细瘦，开展或斜生。叶条形，半圆柱状，直伸，或不规则弯曲，长1~2.5cm，宽1~2mm，先端尖或微钝，枝上部的叶较短。花两性兼有雌性；腋生，聚团伞花序，通常3~5花，在分枝上再排列成有间断的穗状花序；花被片卵形，稍肉质，边缘膜质。胞果包于花被内，果实成熟后种子露出。种子横生，双凸镜形或歪卵形，有光泽。花果期7~10月。自初夏开始植株由浅红逐渐变为红色。广泛分布于亚洲、欧洲，我国东北、西北、华北及沿海各省，在新疆主要分布于阿尔泰地区，多见于盐碱地之河岸、湖边及海滩。

## 115　雾冰藜
### *Bassia dasyphylla*　　藜科

白色软毛布满身　雾里看花尽朦胧

　　一年生草本，高20~40厘米。全株被长软毛。茎直立，分枝多，开展，细弱，后渐变硬。叶互生，肉质、线形、披针形或半圆柱形，长0.5~1.5cm，宽0.5~1mm，无柄。花两性，单生或2朵簇生于叶腋，通常仅1朵发育；花无柄，花被筒密被长柔毛，上部5裂，裂片等长。胞果卵圆形，上下压扁、包于花被内。种子近圆形，横生，黑褐色；胚环形。花果期7~9月。生于盐碱地之沙丘、沙质草地、河滩、海滩等处。我国东北、华北、西北及西南有分布。

## 116　芦苇
### *Phragmites australis*　　禾本科

夜钓归来忙系船，江村月落正堪眠。
偶见惊鸟腾空起，只在芦花浅水边。

　　一年生直立草本。植株高大，地下有发达的匍匐根状茎。茎秆直立，秆高1~3米，节下常生白粉。叶长15~45cm，宽1~3.5cm。圆锥花序分枝稠密，向斜伸展，花序长10~40cm，小穗有小花4~7朵。地下具长、粗壮的匍匐根状茎，以根茎繁殖为主。芦苇虽属水生植物，但却具有惊人的耐旱及耐盐碱能力。

## II7 荻
*Miscanthus sacchariflorus* ｜ 禾本科

浔阳江头夜送客，枫叶荻花秋瑟瑟
——唐·白居易《琵琶行（并序）》

多年生草本水陆两生植物，高 2~3m。荻是一种多用途草类，可以用于环境保护、景观营造、生物质能源、制浆造纸、纺织、药用等。因荻是开发价值很高的植物资源，在我国早已广泛栽培和利用。分布于我国黄河以南各省的江洲、湖滩。目前广泛用于园林水景绿化布置材料。花期时间长，10 月至来年 4 月均可观赏。果穗大量用于作扫帚，又是优良的固堤护岸植物材料。

## II8 芦竹
*Arundo donax* ｜ 禾本科

植株高大多丛生　粗犷自然野趣浓

多年生草本，高 2~5m。具根茎，须根粗壮。茎秆直立，径 1~1.5cm，常具分枝。叶片扁平，长 30~60cm，宽 2~5cm，嫩时表面及边缘微粗糙。圆锥花序，较紧密，长 30~60cm，分枝稠密，斜向上升，小穗含 2~4 花。花期 10~12 月。阳性，喜温暖，喜水湿，耐寒性不强，耐盐碱。园林广泛用作观赏点缀植物。我国黄河流域以南各地均有分布。

## II9 白茅
*Imperata cylindrica* ｜ 禾本科

野生野长生命强　花开遍地白茫茫

多年生草本。高 25~80cm，茎 2~7mm。圆锥花序圆柱状，长 9~12(20)cm，白色，分枝短而密集。性喜光，耐旱，特耐盐碱。多生于路旁、山坡、草地，其根名曰"白茅根"，味甜。茎叶细弱、随风倒。茎的每节草茎都能长出根须，无论多么干硬的土地，都能将根扎进去。白茅种群侵占力特强，对农作物常常构成危害。

## I2O 蓍
*Achillea millefolium* 菊科

玲珑小花雅而秀　盐碱土壤最多见

又称千叶蓍，宿根草花。茎基部丛生，高达50~80cm，直立，中上部有分枝，密生白色长柔毛。叶矩圆状披针形，2~3回羽状深裂至全裂，似许多细小叶片，故有"千叶"之说。头状花序，花期5~10月。对土壤及气候的条件要求不严，非常耐瘠薄，耐盐碱，半阴处也可生长良好。耐旱，尤其夏季对水分的需求量较少，为城市绿化中的"节水植物"。如果水分过多，则会引起生长过旺，植株过高。忌涝，积水会引起烂根。

## I2I 苜蓿
*Medicago sativa* 豆科

生命旺盛易栽培　人畜兼食味道美

多年生草本。主根长，多分枝。茎通常直立，无毛，高30~100cm。复叶有3小叶，小叶倒卵形或倒披针形，长1~2cm，宽约0.5cm，顶端圆，中肋稍凸出，上半部叶有锯齿，基部狭楔形；托叶狭披针形，全缘。总状花序腋生，花8~25朵，紫色。荚果螺旋形，无刺，顶端有尖；种子1~8颗。花果期5~6月。对土壤的适应性强，耐干旱、盐碱。苜蓿菜就是上海人和江浙人说的草头，每逢上市季节，家家户户都把它当作家常蔬菜。炒着吃味道很好。另外，苜蓿也是常用优质饲草。

## I22 马蔺
*Iris lactea var.chinensis* 鸢尾科

根系发达耐践踏　蓝花簇簇不了情

多年生宿根草本植物，高30~50cm。根状茎粗壮，木质，斜伸，外包有大量致密的红紫色折断的老叶残留叶鞘及毛发状的纤维。须根粗而长，黄白色，少分枝。叶基生，坚韧，灰绿色，条形或狭剑形，长约50cm，宽4~6mm，顶端渐尖，基部鞘状，带红紫色，无明显的中脉。花茎光滑，高3~10 cm；顶端渐尖或长渐尖，内包含有2~4朵花；花蓝色。耐盐碱，能在含盐量3%至4%的盐碱地正常生长，且抗污染能力很强，极易栽培管理。耐践踏，根系发达，可生长于荒地、路旁、山坡、草丛及盐碱草甸中。也可用于水土保持及盐碱地、工业废弃地的改造。全株入药，有清热、止血、解毒的作用。叶可作绑扎及草编材料。

# I23 田菁
### *Sesbania cannabina* | 豆科

田菁又名咸青。一年生单干直立草本植物，高 0.5~1.5m。田菁喜温暖气候，抗旱、抗病虫能力较强，有很强的耐盐、耐涝、耐瘠能力，是改良盐碱地的先锋作物。有早、中、晚熟品种之分，全生育期 100~150 天，晚熟品种产草量较高。栽培宜适期早播，根据茬口选择适宜的品种。田菁出苗后第一个月内要加强管理，避免草荒，适施磷肥。田菁苗期生长较缓慢，俗称"癞苗期"。适合与大田作物间套种，在黄淮海地区玉米 — 小麦两熟制中，在 7 月上、中旬，玉米授粉前，将田菁套种于玉米的大行中，一般共生期 2 个月。在棉花行中套种田菁，生长 2 个月后，翻耕作棉花花蕾肥。

# I24 月见草
### *Oenothera biennis* | 柳叶菜科

花香清幽可美容　抗盐耐碱是明星

1~2 年生草本，高 0.5~1m。适应性强，耐旱，对土壤要求不严，一般中性、微碱或微酸性土，均能生长。土壤太湿，根部易得病。北方为一年生植物，淮河以南为二年生植物。月见草庭院栽培在通风敞亮处之疏松肥沃、排水良好的沙壤土地段表现最好。也可盆栽摆放阳台观赏，在静夜的月光下，阵阵幽香令人神清气爽。月见草自播能力强，经一次种植，其自播苗即可每年自生，开花不绝。

# I25 地肤
### *Kochia scoparia* | 藜科

一年生草本，高 1~2m。枝叶稠密。果实扁球状五角星形，直径 1~3mm，外被宿存花被，表面灰绿色或浅棕色，周围具膜质小翅 5 枚。种子扁卵形，长约 1mm，黑色。味微苦。用于布置花篱、花境或数株丛植于花坛中央，可修剪成各种几何造型进行布置。盆栽地肤可点缀和装饰于厅、堂、会场等。园林栽培主要是用其变形。株形矮小，叶细软、嫩绿色，秋季转为红紫色。适应性强，耐盐碱。

## I26 马齿苋
*Portulaca oleracea* | 马齿苋科

露宿天涯谁问津？不失清韵满身新。
无怨无悔作奉献，大地年年绿彩茵。

　　一年生草本植物。枝叶肥厚多汁，无毛，高 10~30cm。该种为药食两用植物。全草供药用，有清热利湿、解毒消肿、消炎、止泻、利尿作用。种子可明目。我国南北各地均产，性喜肥沃土壤，耐旱亦耐涝，耐盐碱，生命力强，生于菜园、农田、路旁向阳处，为田间常见杂草。

## I27 砂引草
*Tournefortia sibirica* | 紫草科

　　多年生草本，高 20~50cm。全株被白色长柔毛。叶无柄或近无柄，狭矩圆形至条形，长 1~3.5cm，宽 0.2~2cm。聚伞花序伞房状，直径 1.8~4cm，近二叉状分枝。花萼长约 2.5mm，5 裂近基部，裂片披针形；花冠白色，漏斗状，花冠筒长 5mm，裂片 5，子房 4 室，柱头 2 浅裂。下部环状膨大，果实有 4 钝棱，椭圆状球形。广泛分布于我国北方内陆沙地。在草原带西部，它更多地生长于覆沙的草甸，盐化草甸乃至盐碱地。

## I28 碱菀
*Tripolium vulgare* | 菊科

繁花似锦悦人目　情钟北方湿海滩

　　一年生草本，高 30~60cm。全株被毛或近无毛。茎上部分枝。茎下部叶倒披针形、线形或线状披针形，长 3~6cm，宽 3~4mm，基部狭窄，先端钝或突尖，全缘或具疏齿。茎上部叶渐小。头状花序，径 3~5cm；总苞片 2 层，近等长，线状披针形或披针形，先端长渐尖，外层草质，内层边缘膜质，有毛；舌状花淡紫色，长 1cm；管状花先端 5 裂。瘦果扁倒卵形，白色或稍淡褐红色，长 0.5~1mm。花期 8~9 月，果期 9~10 月。主要分布我国东部沿海各地盐碱地区。

# 129 獐毛
*Aeluropus sinensis* | 禾本科

疾风劲草最关情，野火焚烧不动容。
冬尽春回芳大地，青山翠岭又丛生。

又名绊马草。多年生根茎禾草，蔓长 1~3m，是盐化低地草甸的重要组成植物。极耐盐碱。据在山东省寿光县北部调查，土壤含盐量在 1% 左右的地方仍生长良好，植株繁茂。獐茅匍匐茎发达，在地面横向生长，着生不定根，再生力强，耐践踏。在过牧草场，其他植物受抑制，它却仍能繁茂生长，抗逆性更加明显。主要分布于中国的山东（山东半岛）、辽宁（辽东半岛）、河北、江苏（北部沿海）等省，黑龙江、吉林、内蒙古、甘肃境内也少有分布。

# 130 紫菀
*Aster tataricus* | 菊科

别名柳叶菊，多年生宿根草本，高达 150cm。根茎粗短，簇生多数细长根，外皮灰褐色。茎直立，单生，表面有浅沟，上部分枝，疏生短毛，下部无毛。基生叶丛生，开花时渐枯落；叶匙状长椭圆形至椭圆状披针形，长 20~40mm，宽 6~12mm，基部渐窄，下延长成翼状叶柄；边缘有锐锯齿，两面疏生小刚毛；茎生叶互生，无柄，叶片披针形，长 18~35mm，宽 5~10mm。夏秋季开花，头状花序多数，伞房状排列，有长梗，密被短毛。总苞半球形，绿色微带紫；边缘舌状花，蓝紫色。瘦果扁平，一侧弯凸，一侧平直，被短毛。分布于东北、华北及甘肃、安徽等地。性喜温暖湿润气候，怕干旱，耐涝，耐寒力强，对土壤要求不严，耐盐碱。

# 131 四翅滨藜
*Atriplex Canescens* | 藜科

一年生草本，株高 0.5~1m。枝叶稠密。叶披针形，长 2~3cm。果实扁球状五角星形，直径 1~3mm，外被宿存花被，表面灰绿色或浅棕色，周围具膜质小翅 5 枚，背面中心有微突起的点状果梗痕及放射状脉纹 5~10 条。用于布置花篱、花境，或数株丛植于花坛中央，可修剪成各种几何造型。适应性强，特耐盐碱。

## I32 中亚滨藜
### Atriplex centralasiatica | 藜科

　　一年生草本，高 30~50cm。茎通常自基部分枝，四棱形，黄绿色，有粉，叶有短柄或近无柄，卵状三角形至菱状卵形，长 2~3cm，宽 1~2.5cm，上面灰绿色，无粉或稍有粉，下面灰白色，有密粉。先端微钝，基部宽楔形至圆形，边缘有疏锯齿，或全缘。花簇生叶腋，也有在枝顶形成穗状花序。雄花花被 5 深裂，裂片宽卵形；雌花的苞片在果期时半圆形、近圆形或菱形。果扁平，宽卵形或圆形，果皮膜质，白色，与种子贴生。花期 7~8 月，果期 9~10 月。中亚滨藜具有抗旱、耐盐碱的高抗逆性，能适应其他植物难以生长的干旱、盐碱和沙荒地。中亚滨藜适口性较差，属低等饲用植物，青饲放牧期长达 130 余天。

## I33 蒲公英
### Taraxacum mongolicum | 菊科

"玲珑剔透一奇葩，半似灯笼半似花；<br>嫁与东风飘四方，随风吹梦荡天涯。"

　　多年生草本植物，高 10~20cm。叶披针形，长 3~5cm。头状花序，有白色冠毛结成的绒球，种子随风飘到新的地方孕育新生命。蒲公英植物体中含有蒲公英醇、蒲公英素、胆碱、有机酸、菊糖等多种健康营养成分，嫩茎叶可生吃、炒食、做汤，是药、食兼用的植物。性味甘、苦、寒，具有清热解毒、消痈散结、消炎、凉血、利尿、利胆、轻泻、健胃、防癌等多种功用。

## I34 刺儿菜
### Cirsium segetum | 菊科

荒野小草名不扬，不与群芳论短长。<br>装扮江山美如画，岁岁奉献到枯黄。

　　一年生草本，高 10~30cm。叶披针形，长 3~6 cm，有刺毛。头状花序直立，雌雄异株，雌花序较雄花序大，雄花序总苞长约 18mm，雌花序总苞长约 25 mm；总苞片 6 层，外层甚短，长椭圆状披针形，中层以内总苞片披针形，顶端长尖，有刺。花冠紫红色。花序托凸起，有托毛。瘦果椭圆形或长卵形，略扁平；冠毛羽状。花期 4~7 月。采集刺儿菜幼苗入沸水锅焯一下，捞出洗去苦味，可制成多种菜肴。

## 135  蓟
*Cirsium japonicum* | 菊科

春夏秋冬四季长，风风雨雨傲炎凉。
虽为一介无名氏，纵让大地披绿装。

又名大蓟。多年生草本，高 0.5~1m。茎直立，有细纵纹，基部有白色丝状毛。基生叶丛生，有柄，倒披针形或倒卵状披针形，长 15~30cm。羽状深裂，边缘齿状，齿端具针刺。上面疏生白色丝状毛，下面脉上有长毛。茎生叶互生，基部心形抱茎。头状花序顶生；总苞钟状，外被蛛丝状毛。总苞片 4~6 层，披针形，外层较短；花两性，管状，紫色；瘦果长椭圆形，冠毛多层，羽状，暗灰色。花期 5~8 月，果期 6~8 月。生于山野、路旁、荒地。产于全国大部分地区。适应性强，耐盐碱。

## 136  蜀葵
*Althaea rosea* | 锦葵科

箭茎条条直射  琼花朵朵相继
                            ——郭沫若

别名红黄草。二年生草本，高达 2.5m。茎直立，具星状簇毛。叶互生，圆形至卵圆形，长 6~10cm，宽 5~10cm，先端圆钝，基部心形，通常具 3~7 浅裂，边缘具不整齐的钝齿，两面均有星状毛；叶柄长约 4~8cm，具星状簇毛。花单生于叶腋，花钟形，色多变。蜀葵原产于中国，因在四川发现最早，故名蜀葵。性喜阳光充足及温暖气候，耐寒，耐盐碱。历来受到人们的喜爱，在院内、墙角、堂前、屋后栽植，极易成活，花期特长。

## 137  孔雀草
*Tagetes patula* | 菊科

一年生草本。株高 30~40cm。羽状复叶，对生，小叶披针形。花梗自叶腋抽出，头状花序顶生，单瓣或重瓣。花色有红褐、黄褐、黄、紫红等。花形与万寿菊相似，但花朵小而繁多。孔雀草有很好的观赏价值，适宜盆栽、地栽和切花。孔雀草原产墨西哥，适应性强，耐干旱及盐碱。在我国广泛分布，尤其南方最为常见。花期为 3~5 月及 8~12 月。

# 138 鸭跖草
*Commelina communis* | 鸭跖草科

　　为多年生草本，高 10~20cm。喜欢在潮湿的草地生长，适应性强，耐土壤盐碱。叶披针形至卵状披针形，为互生。茎匍匐生长。聚伞花序，顶生或腋生，雌雄同株，花瓣上面两瓣为蓝色，下面一瓣为白色，花苞呈佛焰苞状，绿色，雄蕊有 6 枚。全国大部分地区有分布。药用清热解毒，利水消肿。

# 139 盐芥
*Thellungiella salsuginea* | 十字花科

　　一年生草本。高 10~35（45）cm，无毛。茎于基部或近中部分枝，光滑，基部常淡紫色。基生叶近莲座状，早枯，具柄，叶片卵形或长圆形，全缘或具不明显、不整齐小齿；茎生叶无柄，长圆状卵形，下部叶长约 1.5cm，向上渐小，顶端急尖，基部箭形抱茎，全缘或具不明显小齿；花序伞房状，果时伸长成总状；花梗长 2~4mm，萼片卵圆形，边缘白色膜质，花瓣白色，长圆状倒卵形，顶端钝圆。长角果线状，略弯曲，于果梗端内翘，使角果向上直立。种子黄色，椭圆形，花期 4~5 月。分布于内蒙、江苏、新疆的准噶尔盆地南缘（乌鲁木齐、玛纳斯）。生长于农田区的盐渍化土壤上，多见于水沟旁。

# 140 地黄
*Rehmannia glutinosa* | 玄参科

锺形花冠遍身毛　中医强心离不了

　　一年生草本。株高 10~30cm，密被灰白色长柔毛和腺毛。根茎肉质，黄色。叶片卵形至长椭圆形，上面绿色，下面略带紫色或成紫红色，长 2~13cm，宽 1~6cm，边缘具不规则圆齿或钝锯齿。花具长 0.5~3cm 之梗，梗细弱，弯曲而后上升，在茎顶部略排列成总状花序，或单生叶腋而分散在茎上；萼密被长柔毛，具 10 条隆起的脉；花冠长 3~4.5cm；花冠筒多少弓曲，外面紫红色，花冠裂片 5 枚，先端钝或微凹，内面黄紫色，外面紫红色，两面均被长柔毛。蒴果卵形至长卵形，长 1~1.5cm。花果期 4~7 月。适应性强，多见于北方田野，较耐盐碱。

## 141　决明
*Cassia tora* ｜ 云实科

"愚翁八十目不瞑，日书蝇头夜点星。
并非生得好眼力，只缘长年食决明。"

一年生、直立、粗壮草本，高 1~2m。偶数羽状复叶，长 4~8cm，叶柄上无腺体，叶轴上每对小叶间有棒状的腺体 1 枚，小叶 3 对，纸质，倒心形或倒卵状长椭圆形，长 2~6cm，宽 1.5~2.5cm，顶端钝而有小尖头，基部渐狭，偏斜，两面被柔毛，小叶柄长 1.5~2mm，托叶线形，被柔毛，早落。花秋末开放，腋生，通常 2 朵聚生，总梗长 6~10mm，花梗长 1~1.5cm，花瓣 5，黄色，下面二片略长。荚果纤细，近线形，有四直棱，两端渐尖，长达 5cm，宽 3~4mm。种子菱形，光亮。适应性强，不择土壤，较耐盐碱。南北各地均有栽培。药用可明目。

## 142　中华小苦荬
*Ixeridium chinense* ｜ 菊科

无声无息荒野长，夏日河山扮绿装。
隆冬雪下蕴生机，一声春雷破土长！

别名苦菜、兔儿菜、兔仔菜。多年生草本，高 10~30cm，全身无毛。茎少数或多数簇生，直立或斜生。基生叶莲座状，条状披针形、倒披针形或条形，长 7~20cm。花茎直立，高 20~40cm，头状花序多数，排列成稀疏的伞房状，总苞圆筒状或长卵形，内层的较长，7~8 枚，全为舌状花，黄色、淡黄色、白色或变淡紫色。瘦果红棕色。苦菜新鲜的时候没其他怪味，晒干后有强烈脚臭味。药用清热解毒，消痈排脓，祛瘀止痛。分布于我国北部、东部、南部及西南部。适应性强，较耐盐碱。

## 143　大花秋葵
*Hibiscus grandiflorus* ｜ 锦葵科

盛夏群花陆续开　五彩缤纷暗香来

宿根多年生草本。株高 1~1.5m。叶互生，卵状椭圆形，浅裂或不裂，基部圆形，先端尾尖，叶缘具粗锯齿，叶被星状毛。花形碗状，单生于上部叶腋间，直径可达 15~20cm。单花寿命较短，朝开夕落，有白、粉、红、紫等色。花期为 6~10 月。原产于北美洲，我国华北地区广泛栽培。生性强健，较耐旱，易于栽培，对土壤要求不严，有一定的耐盐碱力。大花秋葵喜光，在遮阴处生长不良，应栽种于光照充足的向阳处。

## I44　地锦草
*Euphorbia humifusa* | 大戟科

　　一年生匍匐草本，高 5~15cm。茎纤细，近基部二歧分枝，带紫红色，无毛，质脆，易折断，断面黄白色，中空。全草药用能祛风、解毒、利尿、止血、杀虫、治赤痢，还可配制蛇药；茎叶含鞣质，可提取栲胶；叶片长圆形，长4~10mm，宽 4-6mm，先端钝圆，基部偏狭，边缘有细齿，两面无毛或疏生柔毛，绿色或淡红色；杯状花序单生于叶腋；总苞倒圆锥形，浅红色，顶端 4 裂，裂片长三角形；腺体 4，长圆形，有白色花瓣状附属物；蒴果三棱状球形，光滑无毛。种子卵形，黑褐色，外被白色蜡粉，长约 1.2mm，宽约 0.7mm。适应性强，耐轻盐碱，不择土壤。

## I45　羽衣甘蓝
*Brassica oleracea* var. *acephala* f. *tricolor* | 十字花科

以叶代花耀人目　冰天雪地更靓丽

　　二年生草本，高 20~40cm。为食用甘蓝的园艺变种。栽培一年植株形成莲座状叶丛，经冬季低温，于翌年开花、结实。总状花序顶生，花期 4-5 月，虫媒花，果实为角果，扁圆形，种子圆球形，褐色，千粒重 4 克左右。园艺品种形态多样，按高度可分高型和矮型；按叶的形态分皱叶、不皱叶及深裂叶品种；按颜色，边缘叶有翠绿色、深绿色、灰绿色、黄绿色。特别耐寒。原产地中海沿岸至小亚细亚一带，现我国各地广泛栽培，耐轻盐碱。

## I46　野西瓜苗
*Hibiscus trionum* | 锦葵科

　　一年生草本，高 20~30cm。全体被有疏密不等的细软毛。茎梢柔软，直立或稍卧生。基部叶近圆形，边缘锯齿裂，中部和下部的叶掌状，3 至 5 深裂。花单生于叶腋，花冠 5 瓣，淡黄色，具紫色心。种子黑色。野西瓜抗旱、耐高温、耐风蚀、耐瘠薄及盐碱，在干旱地区有很强的适应性。野西瓜苗有其独特的生态特性，具有降低风速、抗击风沙、防止土地风蚀及保护生态环境等方面的重要作用，广泛分布于新疆、西藏等省，是荒漠、半荒漠、干旱、半干旱地区极有栽培价值的植物。

## I47　红蓼
### *Polygonum orientale* | 蓼科

花开红艳夺人目　枝叶扶疏富野趣

别名东方蓼。一年生草本,高达2m。茎粗壮,直立,节部微增大,有分枝。叶片广椭圆形、稀近圆形或卵状披针形,长10~20cm,宽6~12cm。总状花序生于枝端或叶腋,长2~7cm,常下弯,具稠密的花;花梗长,有毛;花两性,花被粉红色或白色,5深裂。坚果近圆形,扁平。花、果期8~9月。喜阳光、温暖和湿润,耐瘠薄,耐盐碱。广泛分布于我国各地,在阴湿地段成片野生。红蓼枝叶高大,疏散洒脱,是颇富野趣的庭园观赏植物,也可作插花材料。

## I48　大叶铁线莲
### *Clematis heracleifolia* | 毛茛科

别名草牡丹。多年生直立型草本,高0.5~1m。茎、叶、花、果均被不同程度的白色绒毛,三出复叶对生,总叶柄粗壮。聚伞花序,两性花,蓝色,花有花萼无花瓣。瘦果倒卵形,红棕色,宿存花柱羽毛状。中国原产种,全国各地山区均有野生分布。具较强的耐阴能力,耐盐碱,喜生于野外阴湿的林边、河岸和溪旁。

## I49　冰山奇观景天
### *Sedum spectabile* cv. Iceberg | 景天科

多年生草本。根状茎短,直立。茎直立,高20~100cm。叶互生,有时对生,长圆状卵形或椭圆状披针形,长3~10cm,宽7~25mm,先端圆,基部楔形,几无柄,全缘或上部有不整齐的波状疏锯齿,叶面有多数红褐色斑点。复伞房花序,顶生,长达10cm,宽达13cm,分枝密;花梗长2~4mm;萼片5枚,披针状三角形,长1~2mm,先端急尖;花瓣5枚,白色,直立,披针状椭圆形,长4~8mm,宽1.8mm,先端急尖。种子狭长圆形,长1~1.2mm,褐色。花期7~9月,果期8~9月。

## 150 红花景天
*Sedum spectabile* cv. Brilliant | 景天科

多年生宿根草本，高 0.5~0.8m。茎稍木质化，上端淡绿色，稍被白粉，粗壮而直立。叶轮生或对生，具波状齿，淡绿色或灰绿色，被较厚的白粉。花顶生聚伞形花序，花径约 10~13cm，萼片 5 枚；前期花蕾呈灰绿色，逐步变为淡粉色、粉红色直至深粉红色；小花密集，花型整齐。花期在 8 至 11 月，开花时群体效果好，盛花期花团紧簇，非常美观。景天的叶汁可以入药，有清热解毒之功效，可以去蝎子的蜇毒，所以景天又称蝎子草。性耐寒，华北及东北可露地越冬，喜阳光及干燥通风处。对土壤要求不严，耐盐碱，是良好的地被植物，也可布置花坛、花境及用于镶边和岩石园。

## 151 耧斗菜
*Aquilegia hybrida* | 毛茛科

多年生草本，高 50~90cm。根圆柱形，多弯曲，表面黑褐色。茎单一或上部有分枝。基生叶柄长，茎生叶柄短，均为二回三出复叶，叶片灰绿色至绿褐色，皱缩。单歧聚伞花序；萼片 5，紫红色或紫色；花瓣淡黄色，比萼片短。耧斗菜性强健，耐寒，耐盐碱，喜湿润而排水良好的沙质壤土。花形奇巧，花色艳美，是很值得园林引种栽培的观赏花卉。

## 152 地榆
*Sanguisorba officinalis* | 蔷薇科

多年生草本，高 30~120cm。根粗壮，多呈纺锤形，稀圆柱形，表面棕褐色或紫褐色，有纵皱及横裂纹。茎直立，有棱，无毛或基部有稀疏腺毛。基生叶为羽状复叶，有小叶 4~6 对，叶柄无毛或基部有稀疏腺毛；小叶片有短柄，卵形或长圆状卵形，长 1~7cm，宽 0.5~3cm，顶端圆钝稀急尖，基部心形至浅心形，边缘有多数粗大圆钝稀急尖的锯齿。原产于欧洲、亚洲北温带，中国北方有分布。

## I53 山桃草
*Gaura lindheimeri* | 柳叶菜科

花形窈窕淑女　花色洁白无瑕

别名千鸟花、白桃花、白蝶花。多年生宿根草本。茎直立，高 60~100cm。常多分枝，入秋变红色，被长柔毛与曲柔毛。叶无柄，椭圆状披针形或倒披针形，长 3~9cm。花序长穗状，生于茎枝顶部，直立，长 20~50cm；苞片狭椭圆形、披针形或线形，长 0.8~3cm，宽 2~5mm。花近拂晓开放；萼片长 10~15mm，宽 1~2mm，被长柔毛，花开放时反折；花瓣白色，后变粉红，排向一侧，倒卵形或椭圆形，长 12~15mm，宽 5~8mm；花丝长 8~12mm。花型似桃花，极具观赏性，用于花坛、花境、地被、盆栽、草坪点缀。耐 −35℃低温，耐轻盐碱。

## I54 圆叶牵牛
*Pharbitis purpurea* | 旋花科

绿蔓如藤不需栽　红紫花绕竹篱开

别名毛牵牛、紫牵牛、牵牛花。一年生草本，高 1~2m。形态与牵牛花相似，主要区别点是：叶片圆心形或宽卵状心形，通常全缘。花腋生，单一或 2~5 朵成聚伞花序，萼片卵状披针形。生于平地以至海拔 2800m 的田边、路旁、宅旁或山谷林内，栽培或野生。耐土壤干旱、盐碱，生命力强，中国大部分地区有分布。

## I55 丹参
*Salvia miltiorrhiza* | 唇形科

枝叶有毛开紫花　舒心活血用途大

别名赤参，紫丹参，红根等。多年生草本。根肥厚，外面红色。茎高 40~80cm，有长柔毛；叶常为单数羽状复叶；小叶 1~3 对，卵形或椭圆状卵形，两面有毛；顶生或腋生假总状花序，密生腺毛或长柔毛；苞片披针形，花萼紫色。主功效为活血调经，祛瘀止痛，凉血消痈，清心除烦，养血安神。主产安徽、河南、陕西、江苏等地，多人工栽培。

## 156 黄芩
### *Scutellaria baicalensis*
唇形科

多年草本唇形花　中医消炎用途大

别名山茶根、土金茶根。多年生草本，高 30~120cm。主根粗壮，略呈圆锥形，棕褐色。茎四棱形，基部多分枝。单叶对生；具短柄；叶片披针形，全缘；总状花序顶生，花偏生于一边；花唇形，蓝紫色。以根入药，有清热燥湿，凉血安胎，解毒之功效，主治温热病、上呼吸道感染、肺热咳嗽、湿热黄胆、肺炎等症。黄芩的临床应用抗菌能力比黄连还好，而且不易产生抗药性。它是农业病害防治最理想的生物农药。主产于河北、辽宁、陕西、山东、内蒙古、黑龙江等地。

## 157 随意草
### *Physostegia virginiana*
唇形科

花萼钟形排列密　花色独特有魅力

又名假龙头花。多年生宿根草本。株高 60~120cm，茎四方形。叶对生，披针形，叶缘有细锯齿。夏至秋季开花，穗状花序，唇形花冠，花序自下端往上逐渐绽开，花期持久。花色有淡红、紫红。喜疏松、肥沃、排水良好的沙质壤土，较耐盐碱。夏季干燥则生长不良。花期 7~9 月。多株丛生，盛开的花穗迎风摇曳，婀娜多姿。生性强健，地下匍匐茎易生幼苗。

## 158 莎草
### *Nipponicus*
莎草科

多年生草本，高 15~95cm。茎直立，三棱形。根状茎匍匐延长，有时数个相连。叶丛生于茎基部，叶鞘闭合包于茎上；叶线形，长 20~60cm，宽 2~5mm，先端尖，全缘，具平行脉，主脉于背面隆起；花序复穗状，3~6 个在茎顶排成伞状，每个花序具 3~10 个小穗。基部有叶片状的总苞 2~4 片，与花序等长或过之；每颖着生 1 花，雄蕊 3；柱头 3，丝状。小坚果长圆状倒卵形，三棱状。花期 5~8 月，果期 7~11 月。喜温暖湿润气候和潮湿环境，耐寒，耐盐碱。

## 159　桔梗
### *Platycodon grandiforus*
桔梗科　　多年草本花鲜艳　以根入药可宣肺

多年生草本，高 40~90cm。植物体有乳汁。全株光滑无毛。根粗大肉质，圆锥形或有分叉，外皮黄褐色。茎直立，有分枝。叶多为互生，少数对生，近无柄，叶片长卵形，边缘有锯齿。花大形，单生于茎顶或数朵成疏生的总状花序；花冠钟形，蓝紫色或蓝白色；其根可入药，有止咳祛痰、宣肺、排脓等作用。喜温和凉爽气候，苗期怕强光直晒，须遮阴，成年喜阳光怕积水。抗干旱，耐盐碱，耐严寒，怕风害。

## 160　接骨草
### *Sambucus javanica*
忍冬科　　多年草本花洁白　全草入药可消肿

多年生高大草本或亚灌木。高达 3m。茎髓部白色。枝圆柱形，有棱，银白色。羽状复叶，托叶叶状或有时退化呈蓝色的腺体；小叶 2~3 对，互生或对生，狭卵形，长 6~13cm，宽 2~3cm，嫩时上面被疏长柔毛，先端渐尖，基部钝圆，两侧不等，边缘有细锯齿。顶生小叶卵形，基部楔形，有时与第一对小叶相连。全草入药、根能祛风消肿，舒筋活络，治风湿性关节炎，跌打损伤。全草水煎洗治风疹瘙痒。

## 161　蓝花鼠尾草
### *Salvia farinacea*
唇形花科　　淡雅清幽恍女仙　阡陌丛中竞斗妍

多年生草本，高 30~60cm。植株呈丛生状，全株被柔毛。茎为四角柱状，下部略木质化，呈亚灌木状。叶对生，长椭圆形，长 3~5cm，灰绿色，叶表有凹凸状织纹，有褶皱，灰白色，香味浓郁。长穗状花序，长约 12cm，花小，紫色，花量大，花期长。生长强健，耐病虫害。喜温暖、湿润和阳光充足环境，耐寒性强，耐盐碱，怕炎热、干燥，宜在疏松、肥沃且排水良好的沙壤土中生长。盆栽适用于花坛、花境和园林景点的布置。也可点缀岩石旁、林缘空地，格显幽静。摆放于自然建筑物前或庭院内，更显典雅清幽。

## 162 蛇鞭菊
*Liatris spicata* ｜ 菊科

花色绚丽耐人看　长势强旺易栽培

多年生草本，高50~100cm。茎基部膨大呈扁球形。花红紫色。花期夏、秋季。因多数小头状花序聚集成长穗状花序，呈鞭形而得名。蛇鞭菊花期长，花茎挺立，花色清丽，不仅有自然花材之美，而且具美好的花寓意。蛇鞭菊耐寒，耐热，喜光及稍耐阴，生长季节耐水湿，对生境要求比较粗放，南、北方均可以种植。在夏秋之际，色彩绚丽，恬静宜人，给人以静谧与舒适的感觉，宜作花坛、花境和庭院植物，是优秀的园林绿化新材料。

## 163 银叶菊
*Senecio cineraria* ｜ 菊科

银装素裹白如雪　花开艳黄夺人目

多年生草本植物。植株多分枝，高50~80cm。叶1~2回羽状分裂，正反面均被银白色柔毛。叶片远看像一片片白云，与其他色彩花卉配置栽植，效果极佳，是重要的花坛观叶植物。银叶菊在长江流域能露地越冬，不耐酷暑，耐盐碱；高温高湿时易死亡。喜凉爽湿润、阳光充足的气候和疏松肥沃的沙质土壤。

## 164 松果菊
*Echinacea purpurea* ｜ 菊科

花形奇特似松果　世界各地广栽培

多年生草本植物，株高60~150cm。全株具粗毛，茎直立；基生叶卵形或三角形，茎生叶卵状披针形，叶柄基部稍抱茎。头状花序单生于枝顶，或多数聚生，花茎达10cm，舌状花紫红色，管状花橙黄色。花期6~7月。在美国和欧洲被广泛使用，被普遍认为具有增强免疫作用，含有多种活性成分，可刺激人体内白细胞等免疫细胞活力，提高肌体自身免疫力，分布在北美，世界各地多有栽培，稍耐寒，喜生于温暖向阳处，喜肥沃、深厚、富含有机质的土壤。

## I65　橙黄山柳菊
### *Hieracium aurantiacum*　| 菊科

*花开橙红夺人目　遍身是毛野趣浓*

多年生草本。具匍匐茎，长约 50cm。全株有开展的长毛。叶大部分簇生基部，倒披针形至椭圆状倒卵形，长 20cm，绿色。头状花序，径 3cm ，总苞先端黑色，有腺毛，花橙黄色或橙红色，全部为舌状花，两性。瘦果圆柱形，暗褐色。晚夏至秋开花不断。自行传播，人工很少种植，颇有野趣。原分布于欧洲，到北美后已成杂草状，在西海岸最为繁茂。

## I66　长筒石蒜
### *Lycoris longituba*　| 石蒜科

*莫说好花绿叶配　石蒜光杆也漂亮*

多年生草本，株高 50~100cm。长筒石蒜每个叶芽抽出 2~3 片叶，成丛状，如韭菜，末端略带紫色。长筒石蒜原产我国东部，长江中下游地区有野生种分布。耐寒性强，喜阴湿，但在向阳地也能生长良好。土壤以排水良好、肥沃的沙壤土为最好。抗逆性强，稍耐盐碱，栽培容易。长筒石蒜花姿美丽，花色变异大，形似百合，观赏价值较高。适用于林下或草地中丛植布置，也可作盆栽和切花。

## I67　景天三七
### *Sedum aizoon*　| 菊科

别名费菜、土三七、旱三七、血山草。多年生草本，高 30～80cm。茎直立，不分枝，单生或数茎丛生。单叶互生，叶片质厚，倒披针形，长 5~8cm，宽 1~2cm，先端渐尖，基部楔形，边缘有锯齿，几无柄。聚伞花序呈伞房状，顶生；萼片 5 枚，绿色，线状披针形，不等长，长 3~5mm，顶端钝；花瓣 5，黄色，椭圆状披针形，长 6~10mm。蓇葖果 5，成熟时向外平展，呈星芒状排列。花期 6~8 月，果期 7~9 月。分布于中国东北、华北、西北及长江流域各省区。生于山地林缘、林下、灌丛中或草地及石砾地。喜阳，稍耐阴，耐旱，耐盐碱，生命力很强。景天三七是一种保健蔬菜，鲜食部位含蛋白质、碳水化合物、脂肪、粗纤维、胡萝卜素等多种成分。它无苦味，口感好，可炒、可炖、可烧汤、可凉拌等，是 21 世纪家庭餐桌上的一道美味佳肴，常食可增强人体免疫力，有很好的食疗保健作用。

# 168 蔓陀罗
*Datura stramonium* L. 茄科

别名蔓荼罗、枫茄花、洋金花、大喇叭花、山茄子等。一年生草本，茎粗壮直立，株高 50~150cm。全株光滑无毛，有时幼叶上有疏毛。上部常呈二叉状分枝。叶互生，叶片宽卵形，边缘具不规则的波状浅裂或疏齿，具长柄；花单生在叶腋或枝杈处；花萼 5 齿裂筒状，花冠漏斗状，白色至紫色；蒴果直立，表面有硬刺，卵圆形；种子稍扁肾形，黑褐色。花单生叶腋，花冠漏斗形，长 7~10 cm，筒部淡绿色，上部白色。多野生在田间、沟旁、道边、河岸、山坡等地方。原产印度。我国各省均有分布。喜温暖、向阳及排水良好的沙质土壤。广布全国各地。有毒，中药常用作麻醉剂。

# 169 茵陈蒿
*Artemisia capillaries* 菊科

三月茵陈五月蒿　八月拔了当柴烧

别名黄蒿、臭蒿、猪毛蒿。多年生草本，高 40~100cm。茎直立，木质化，表面有纵条纹，紫色，多分枝，老枝光滑，幼嫩枝被有灰白色细柔毛。营养枝上的叶，叶柄长约 1.5cm，叶片 2~3 回羽状，小裂片线形或卵形，密被白色绢毛。头状花序多数，密集成圆锥状；花杂性，淡紫色，均为管状花。瘦果长圆形，无毛。花期 9~10 月。果期 11~12 月。入药可治疗传染性肝炎。生于山坡、路旁、林缘、草原、黄土高原和荒漠边缘地区，分布几遍全国。适应性广，耐土壤干旱、盐碱。

# 170 波斯菊
*Cosmos bipinnatus* 菊科

一年生草本植物，株高 30~120cm。茎细直立，分枝较多，光滑或具微毛。单叶对生，长约 10cm，二回羽状全裂，裂片狭线形，全缘。头状花序顶生或腋生，花茎 5~8cm。总苞片 2 层，内层边缘膜质。舌状花轮生，花瓣尖端呈齿状，花瓣 8 枚，有白、粉、深红色。花盘中央部分均为黄色。花期夏、秋季。园艺变种有白花波斯菊、大花波斯菊、紫红花波斯菊。园艺品种有分早花型和晚花型两大系统，还有单、重瓣之分。原产地墨西哥，种植成活率高，花期比较长，现全国各地均有种植，适于布置花境，在草地边缘，树丛周围及路旁成片栽植，颇有野趣。适应性广，不择土壤，耐轻盐碱。重瓣品种可作切花材料。

原产美洲墨西哥　潇洒轻盈花色多

# 171　打碗花
## *Calystegia hederacea* ｜ 旋花科

别名田旋花、狗儿蔓、斧子苗、喇叭花等。多年生草质藤本。主根较粗长，横走。茎细弱，长 50~100cm，匍匐或攀援。叶互生，叶片三角状戟形或三角状卵形，侧裂片展开，常再 2 裂。花萼外有 2 片大苞片，卵圆形。花蕾幼时完全包藏于内。萼片 5 枚，宿存。花冠漏斗形（喇叭状），粉红色或白色，口近圆形微呈五角形。子房上位，柱头线形 2 裂。蒴果，在我国大部分地区不结果，以根扩展繁殖。我国各地广泛分布，为田间、野地常见杂草。嫩茎叶可作蔬菜。

# 172　风信子
## *Hyacinthus orientalis* ｜ 风信子科

东来霞彩谁曾识　惊艳卷云多芳紫

别名洋水仙或五彩水仙。多年生草本植物，高 0.5~1m。具鳞茎。风信子原产于地中海和南非，喜冬季温暖湿润、夏季凉爽稍干燥、阳光充足或半阴的环境。宜肥沃、排水良好的沙壤土，耐轻盐碱。风信子鳞茎有夏季休眠习性，秋冬生根，早春萌发新芽，3 月开花，6 月上旬植株枯萎。风信子植株低矮整齐，花序端庄，花色丰富，花姿美丽，色彩绚丽，在光洁鲜嫩的绿叶衬托下，恬静典雅，是早春开花的著名球根花卉之一，也是重要的盆花种类。适于布置花坛、花境和花槽，也可作切花、盆栽或水养观赏。花除供观赏外，还可提取芳香油。

# 173　万寿菊
## *Tagetes erecta* ｜ 菊科

一年生草本。株高 60~100cm。全株具异味。茎粗壮，绿色，直立。单叶羽状全裂对生，裂片披针形，具锯齿，上部叶时有互生，裂片边缘有油腺，锯齿有芒。头状花序着生枝顶，径可达 10cm，黄或橙色，总花梗肿大，花期 8～9 月。瘦果黑色，冠毛淡黄色。下位子房上位花。舌状花瓣。万寿菊为喜光性植物，充足阳光对万寿菊生长十分有利，植株矮壮，花色艳丽。阳光不足，茎叶柔软细长，开花少而小。万寿菊对土壤要求不严，耐轻盐碱，以肥沃、排水良好的沙质壤土为好。

## 174 芒
*Miscanthus sinensin* | 禾本科

荒郊开花白茫茫　随风飘荡野趣浓

多年生草本。秆较粗壮，高达160cm，秆、叶、花序皆被白粉，基部节间呈粉紫色。叶鞘无毛。叶片常内卷，长15~25cm，宽2.5~4mm，上面微粗糙，下面平滑。穗状花序直立或微弯曲，细弱，较紧密，呈粉紫色，长8~15cm，穗轴边缘具小纤毛，每节具2枚小穗；小穗粉绿而带紫色，长10~12mm，含2~3小花；颖披针形至线状披针形，长7~10mm，并夹以紫红色小点。适应性广，不择土壤，耐盐碱。有不少品种广泛用于园林供观赏。

## 175 紫露草
*Tradescantia albiflora* | 鸭跖草科

多年生草本，高达150cm。根状茎粗短，簇生多数细长根，外皮灰褐色。茎直立单生，表面有浅沟，上部有分枝，疏生短毛，下部无毛。基生叶丛生，开花时渐枯落，叶片莨状长椭圆形至椭圆状披针形，长20~40cm，宽6~12cm，基部渐窄，下延成翼状叶柄，边缘有锐锯齿，两面疏生小刚毛。茎生叶互生，叶片披针形，长18~35cm，宽5~10cm。夏秋季开花，伞房状排列，有长梗，密被短毛。总苞半球形，绿色，微带紫；边缘舌状花蓝紫色，雌性；中央管状花黄色，两性。瘦果扁平，一侧弯凸，一侧平直，被短毛，冠毛白色或淡褐色，较瘦果长3~4倍。分布于东北、华北及甘肃、安徽等地。对土壤要求不严，耐轻盐碱，但最适宜肥沃的沙质壤土。

## 176 尾穗苋
*Amaranthus caudatus* | 苋科

一年生草本。叶片边缘绿色，叶脉附近紫红色，耐热性较差，质地软。有上海的尖叶红米苋及广州的尖叶花红等。苋菜喜温暖，较耐热，生长适温23~27℃，20℃以下生长缓慢，10℃以下种子发芽困难。要求土壤湿润，不耐涝，对空气湿度要求不严。属短日性蔬菜，在高温短日照条件下，易抽薹开花。在气温适宜，日照较长的春季栽培，抽薹迟，品质柔嫩，产量高。苋菜生长期30~60天。在全国各地的无霜期内，可分期播种，陆续采收。

## I77 菊花
### *Chrysanthemum* | 菊科

一夜新霜着瓦轻，芭蕉新折败荷倾。
耐寒唯有东篱菊，金粟初开晓更清。
——唐·白居易《咏菊》

一年生草本。株高 20~80cm。单叶互生，卵圆至长圆形，边缘有缺刻和锯齿。头状花序顶生或腋生，一朵或数朵簇生。舌状花为雌花，筒状花为两性花。舌状花色彩丰富，有红、黄、白、墨、紫、绿、橙、粉、棕、雪青、淡绿等。花序大小和形状各有不同，有单瓣，有重瓣；有扁形，有球形；有长絮，有短絮，有平絮和卷絮；有空心和实心；有挺直的和下垂的，式样繁多，品种复杂。喜凉爽、较耐寒，生长适温 18~21℃，地下根茎耐旱，最忌积涝。在微酸性至微碱性土壤中皆能生长。

## I78 矮粟葵
### *Callirhoe involucrata* | 锦葵科

叶形奇特似箭戟　花色靓丽夺人目

多年生草本，具肥大直根。叶圆形，有 5~7 个深裂，裂片倒披针至倒卵形，边缘有缺口或缺刻；托叶长 3cm。花单生，直立在延长的花梗上，花冠酒杯状，花瓣深红色或浅红，先端截形多有不整齐齿牙；花茎 7.5cm。春夏之间开花。喜光，耐寒，不择土壤，对二氧化硫等有害气体具一定的抗菌素性，较耐盐碱。

## I79 乳苣
### *Mulgedium tataricum* | 菊科

多年生草本，高 15~60cm。根垂直直伸。茎直立，有细条棱或条纹，上部有圆锥状花序分枝，全部茎枝光滑无毛。中下部茎叶长椭圆形或线状长椭圆形或线形，基部渐狭成短柄，柄长 1~1.5cm 或无柄，长 6~19cm，宽 2~6cm，羽状浅裂或半裂，边缘有多数或少数大锯齿，顶端钝或急尖。

# I8O 肥皂草
## *Saponaria officinalis* 石竹科

别名石碱花。多年生草本植物，高 30~50cm 原产欧洲及西亚，我国部分地区有栽培。生长强健，喜光耐半荫，耐寒，易于栽培。圆锥花序，花白粉色，重瓣，花期6~9 个月。绿化应用于春季定植做花坛，花境，庭院，路边，丛植，片植，背景材料均佳。原产欧洲及西亚，我国部分地区有栽培。生长强健，喜光耐半阴，耐寒，易于栽培，在干燥地及湿地上均可生长良好，对土壤适应性广泛，较耐盐碱。

# I8I 串叶松香草
## *Silphium perfoliatum* 菊科

多年生宿根草本植物，高 1~2.5m。茎上对生叶片的基部相连呈杯状，茎从两叶中间贯穿而过，故名串叶松香草。一年生串叶松香草呈丛生叶莲座状，不抽茎，根圆形肥大、粗壮，具水平状多节的根茎和营养根。第二年每小根茎形成一个新枝，植株形略似菊芋。叶片大，长椭圆形，叶缘有疏锯齿，叶面有刚毛，基叶有叶柄，茎方，四棱茎，叶对生，无柄，茎叶基部叶片相连。

# I82 天人菊
## *Gaillardia pulchella* 菊科

一年生草本植物。株高 20~60cm，全株被柔毛。叶互生，披针形、矩圆形至匙形，全缘或基部叶羽裂。舌状花先端黄色，基部褐紫色。花期夏、秋季。变种矢车天人菊，舌状花及花序盆心筒状花都发育成漏斗状，有大花及红花变种。花期 7~10 月，果熟期 8~10 月。性喜高温、干燥和阳光充足的环境。其耐盐性、抗强风、耐旱性、耐寒性佳；耐阴性稍差。

# I83    红叶狼尾草

*Pennisetum alopecuroides* | 禾本科

一年或多年生草本植物。小果穗单生，偶有 2~3 枚簇生。须根较粗壮。秆直立，丛生，高 30~120cm，叶紫红色。多生于田岸、荒地、道旁及小山坡上。国内外均有分布。对土壤适应性较强，耐轻微盐碱性，亦耐干旱、贫瘠土壤。狼尾草生性强健，萌发力强，容易栽培，对水肥要求不高，少有病虫害。多年生狼尾草根系较发达，具有良好的固土护坡功能。全草可供药用，可清热、凉血、止血；根或根茎清热解毒。此外，它还是一种饲用植物和观赏植物。中国东北、华北、华东、中南及西南各省区均有分布。

# 水生植物
## SHUISHENG ZHIWU

# 184 莲
*Nelumbo nucifera* | 莲科

身处污泥未染泥，白茎埋地没人知。
生机红绿清澄里，不待风来香满池。
　　　　　——陈志岁《咏荷》

俗称荷花。多年生水生草本。地下茎长而肥厚，有长节。叶盾圆形，革质，叶柄长，中空。花期6~9月，单生于花梗顶端，花瓣多数，嵌生在花托穴内，有红、粉红、白、紫等色，或有彩纹、镶边。坚果椭圆形，种子卵形。荷花种类很多，分观赏和食用两大类。原产亚洲热带和温带地区，我国早在周朝就有栽培记载。荷花全身皆宝，藕和莲子能食用，莲子、根茎、藕节、荷叶、花及种子的胚芽等都可入药。

# 185 睡莲
*Nymphaea spp.* | 睡莲科

瑟瑟风中多风韵，潇潇雨里更出神。
凌波仙子欲睡去，休扰池中睡美人
　　　　　——张志真《咏睡莲》

多年生水生植物。外形与荷花相似，不同的是荷花的叶子和花挺出水面，而睡莲的叶子和花浮在水面上。睡莲因昼舒夜卷而被誉为"花中睡美人"。睡莲的用途甚广，可用于食用、制茶、切花、药用等用途。睡莲为睡莲科中分布最广的一属，除南极之外，世界各地皆可找到睡莲的踪迹。睡莲还是文明古国埃及的国花。睡莲是花、叶俱美的观赏植物，古希腊、罗马敬为女神供奉。现多用来装饰喷泉池或点缀厅堂外景。

# 186 千屈菜
*Lythrum salicaria* | 千屈菜科

多年生挺水草本植物。株高1米左右。茎四棱形，直立，多分枝。叶对生或轮生，披针形。长穗状花序顶生，小花多而密，紫红色，夏秋开花。喜光、湿润、通风良好的环境，耐盐碱，在肥沃、疏松的土壤中生长更好。全株入药，可治痢疾、肠炎等症及具外伤止血功效。千屈菜原产欧洲和亚洲暖温带，因此喜温暖及光照充足，通风好的环境，喜水湿，我国南北各地均有野生及栽培。多见于沼泽地、水旁湿地和河边、沟边。

# 187　水葱
*Schoenoplectus tabernaemontani* | 莎草科

多年水生挺水草本。高 1~3m。具长的匍匐根状茎。莲座状叶丛，绿色。叶面有横向银灰色条斑，叶背有白粉，缘有小锯齿，复穗状花序从叶丛中伸出，小花序扁平。秆散生，三棱形，聚伞形花序假侧生，有 1~8 个辐射枝，三棱形，顶有 1~8 个簇生的小穗。抗寒耐湿，喜生于潮湿多水之地。喜温暖、湿润和半阴环境。耐寒，喜水湿，怕干旱，耐阴，较耐盐碱。除广东、海南外，中国各地区均有分布。

# 188　水烛
*Typha angustifolia* | 香蒲科

蒲生浅水叶尖长，春夏峥嵘蔽苇塘。
制扇编席泽百姓，餐桌根茎有余香。
　　　　　　　——田园诗人

别名蒲草、蒲菜。多年生水生草本，高 1~3m。因其穗状花序呈蜡烛状，故称水烛。茎极短且不明显。根茎发达，不分歧或偶尔分歧，不呈肥大状，外皮为淡黄褐色，前端可以不断地分化出不定芽。喜温暖、光照充足的环境，多见于池塘、河滩、渠旁、潮湿多水处。香蒲是重要的水生经济植物之一，香蒲叶绿穗奇可用于点缀园林水池，亦可用于造纸原料，嫩芽可食。此外，其花粉还可入药。

# 189　梭鱼草
*Pontederia cordata* | 雨久花科

多年生挺水或湿生草本植物，株高 1~2m。叶柄绿色，圆筒形。叶片较大，长可达 25cm，宽可达 15cm，深绿色，叶形多变，大部分为倒卵状披针形。花上方两花瓣各有两个黄绿色斑点，花葶直立，通常高出叶面。地下茎粗壮，黄褐色，有芽眼。地茎叶丛生，株高 80~150cm。喜温、喜阳、喜肥、喜湿、怕风，不耐寒，在静水及水流缓慢的水域中均可生长，最宜在 20cm 以下的浅水中生长，适温 15℃至 30℃，越冬温度不宜低于 5℃。梭鱼草生长迅速，繁殖能力强，条件适宜的前提下，可在短时间内覆盖大片水面。梭鱼草叶色翠绿，花色迷人，花期较长，可用于家庭盆栽、池栽，也可广泛用于园林美化，每到花开时节，串串紫花在片片绿叶的映衬下，别有一番情趣。

# 190 水竹芋
*Thalia dealbata* | 竹芋科

　　多年生挺水草本，株高1~2m。叶卵状披针形，浅灰蓝色，边缘紫色，长50cm，宽25cm。复总状花序，花小，紫堇色。花柄可高达2米以上。是近年新引入我国的一种观赏价值极高的挺水花卉，为纪念德国植物学家约翰尼·赛尔而得此名，原产于美国南部和墨西哥，生命力强，不择土壤，较耐盐碱，目前我国各地广泛引种栽培。

# 参考文献

[1] 郗金标，张福锁，田长彦 .2006. 新疆盐生植物 . 北京：科学出版社 .

[2] 龚洪柱，魏庆莒，金子明 .1986. 盐碱地造林学 . 北京：中国林业出版社 .

[3] 贾恢先，孙学刚 .2005. 中国西北内陆盐地植物图谱 . 北京：中国林业出版社 .

[4] 内蒙阿拉善右旗林业局，2010. 内蒙古阿拉善右旗植物图鉴 . 呼和浩特：内蒙古人民出版社 .

[5] 唐小平，何承仁，宋朝枢 .2001. 甘肃民勤连古城自然保护区科学考察集 . 北京：中国林业出版社 .

[6] 李法曾 .2000. 山东植物精要 . 北京：科学出版社 .

[7] 周洪义，张清，袁东升 .2010. 园林景观植物图鉴 . 北京：中国林业出版社 .

# 附录：中国盐生植物资源及种类总表

**1. 卤蕨科 Acrostichaceae**

1. 卤蕨属 *Acrostichum* l.

   卤蕨（金蕨）*Acrostichum aureum* l.

2. 尖叶卤蕨 *Acrostichum speciosum* Willd.

**2. 鳞毛蕨科 Dryopteridaceae**

1. 贯众属 *Cyrtomium* Presl

   全缘贯众 *Cyrtomium falcatum*(L.f.)Presl

**3. 杨柳科 Salicaceae**

1. 杨属 *Populus* L.

   胡杨 *Populus euphratica* Oliv.

   灰胡杨 *Populus pruinosa* Schrenk

**4. 桦木科 Betulaceae**

1. 桦木属 *Betula* L.

   盐桦 *Betula halophila* Ching ex P.C.Li

**5. 铁青树科 Olacaceae**

1. 海檀木属 *Ximenia* L.

   海檀木 *Ximenia americana* L.

**6. 蓼科 Polygonaceae**

1. 蓼属 *Polygonum*

   灰蓼 *Polygonum glareosum* Schischk.

   褐鞘蓼 *Polygonum fusco-ochreatum* Kom.

   盐生蓼 *Polygonum corrigioloides* Jaub.et Spach

   普通蓼 *Polygonum humifusum* Pall.

   新疆蓼 *Polygonum patulum* M.B.Fl.

   灯心草蓼 *Polygonum junceum* Ledeb.

   银鞘蓼 *Polygonum argyrocoleum* Steud.ex G.Kunze.

   西伯利亚蓼 *Polygonum sibiricum* Laxm.

2. 酸模属 *Rumex* L.

   盐生酸模 *Rumex marschallianus* Rchb.

   长刺酸模 *Rumex maritimus* L.

**7. 藜科 Chenopodiaceae**

1. 盐角草属 *Saliconia* L.

   盐角草 *Saliconia europaea* L.

2. 盐千屈菜属 *Halopeplic* Bge.ex Ung.-Sternb.

   盐千屈菜 *Halopeplis pygmaea* (Pall.)Bge.ex Ung.-Sternb.

3. 盐爪爪属 *Kalidium* Moq.

   盐爪爪 *Kalidium foliatum* (Pall.) Moq.

   尖叶盐爪爪 *Kalidium cuspidatum* (Ung.-Sternb.)Grub.

   圆叶盐爪爪 *Kalidium schrenkianum* Bge.ex Ung.-Sternb.

   里海盐爪爪 *Kalidium caspicum*(L.)Ung.-Sternb.

   细枝盐爪爪 *Kalidium gracile* Fenzl.

4. 盐节木属 *Halocnemum* Bieb.

   盐节木 *Halocnemum strobilaceum* (Pall.) Bieb.

5. 盐穗木属 *Halostachys* C.A.Mey.

   盐穗木 *Halostachys caspica* (Bieb.)C.A.Mey.

6. 滨藜属 *Atriplex* L.

   异苞滨藜 *Atriplex micrantha* C.A.Mey.

   疣苞滨藜 *Atriplex verrucifera* Bieb.

   匍匐滨藜 *Atriplex repens* Roth.

   滨藜 *Atriplex patens* (Litv.)Iljin

   北滨藜 *Atriplex gmelinii* C.A.Mey.

   西伯利亚滨藜 *Atriplex sibirica* L.

   野滨藜 *Atriplex fera* (L.) Bge.

   中亚滨藜 *Atriplex centralasiatica* Iljin

   海滨藜 *Atriplex maximowicziana* Makino.

   鞑靼滨藜 *Atriplex tatarica* L.

7. 虫实属 *Corispermum* L.

   软毛虫实 *Corispermum puberulum* Iljin

   细苞虫实 *Corispermum stenolepis* Kitag.

   毛果绳虫实 *Corispermum declinatum* Steph.var.*tylocarpum* (Hance.) Tsien et C.G.Ma

8. 藜属 *Chenopodium* L.

   小白藜 *Chenopodium iljinii* Golosk.

   红叶藜 *Chenopodium rubrum* L.

   东亚市藜 *Chenopodium urbicum* L.ssp.*sinicum* Kung et G.L.Chu

   灰绿藜 *Chenopodium glaucum* L.

9. 地肤属 *Kochia* Roth.

   碱地肤 *Kochia scoparia* (L.) Schrad.var.*sieversiana* (Pall.)Ulber ex Asch.

黑翅地肤 *Kochia melanoptera* Bge.

宽翅地肤 *Kochia macroptera* Iljin

10. 雾冰藜属 *Bassia* All.

雾冰藜 *Bassia dasyphylla* (Fisch.et Mey.)O.Kuntze

肉叶雾冰藜 *Bassia sedoides* (Pall.)Aschers.

钩刺雾冰藜 *Bassia hyssopifolia* (Pay.)O.Kuntze

11. 棉藜属 *Kirilowia* Bge.

棉藜 *Kirilowia eriantha* Bge.

12. 异子蓬属 *Borszczowia* Bge.

异子蓬 *Borszczowia aralocaspica* Bge.

13. 碱蓬属 *Suaeda* Forsk

小叶碱蓬 *Suaeda microphylla* (C.A.Mey)Pall.

碱蓬 *Suaeda glauca* (Bge.)Bge.　　（别名：海水蔬菜、海蓬子）

奇异碱蓬 *Suaeda paradoxa* Bge.

亚麻叶碱蓬 *Suaeda linifolia*Pall.

囊果碱蓬 *Suaeda physophora* Pall.

刺毛碱蓬 *Suaeda acuminata* (C.A.Mey.)Maq.

阿拉善碱蓬 *Suaeda pirzewalskii* Bge.

肥叶碱蓬 *Suaeda kossinskyi* Iljin

辽宁碱蓬 *Suaeda liaotungensis* Kitag.

角果碱蓬 *Suaeda corniculata* (C.A.Mey.)Bge.

盘果碱蓬 *Suaeda heterophylla* (Kar.et Kir.)Bge.

星花碱蓬 *Suaeda stellatiflora* G.L.Chu

平卧碱蓬 *Suaeda prostrata* Pall.

南方碱蓬 *Suaeda australis* (R.Br.)Moq.

镰叶碱蓬 *Suaeda crassifolia* Pall.

盐地碱蓬 *Suaeda salsa*(L.)Pall.

14. 假木贼属 *Anabasis* L.

高枝假木贼 *Anabasis elatior* (C.A.Mey.)Schischk.

盐生假木贼 *Anabasis salsa* (C.A.Mey.)Benth.

白垩假木贼 *Anabasis cretacea* Pall.

15. 合头草属 *Sympegma* Bge.

合头草 *Sympegma regelii* Bge.

16. 猪毛菜属 *Salsola* L.

苏打猪毛菜 *Salsola soda* L.

无翅猪毛菜 *Salsola komarovii* Iljin

柴达木猪毛菜 *Salsola zaidamica* Iljin

柽柳叶猪毛菜 *Salsola tamariscina* Pall.

蔷薇猪毛菜 *Salsola* rosacea L.

青海猪毛菜 *Salsola chinghaiensis* A.J.Li

长刺猪毛菜 *Salsola paulsenii* Litv.

红翅猪毛菜 *Salsola intramongolica* H.C.Fu et Z.Y.Chu

刺沙蓬 *Salsola ruthenica* Iljin

浆果猪毛菜 *Salsola foliosa* (L.)Schrad.

紫翅猪毛菜 *Salsola affinis* C.A.Mey.

粗枝猪毛菜 *Salsola subcrassa* M.Pop.

钝叶猪毛菜 *Salsola heptapotamica* Iljin

短柱猪毛菜 *Salsola lanata* Pall.

褐翅猪毛菜 *Salsola korshinskyi* Drob.

费尔干猪毛菜 *Salsola ferganica* Drob.

17. 叉毛蓬属 *Petrosimonia* Bge.

叉毛蓬 *Petrosimonia sibirica* (Pall.)Bge.

灰绿叉毛蓬 *Petrosimonia glaucescens* (Beg.)Iljin

18. 驼绒藜属 *Ceratoides* (Tourn.)Gagnebia

驼绒藜 *Ceratoides latens* (J.F.Gmel.)Reveal et Holmgren

19. 小蓬属 *Nanophyton* (Pall.)Bge.

小蓬 *Nanophyton erinaceum* (Pall.)Bge.

**8. 苋科 Amaranthaceae**

1. 砂苋属 *Allmania* R.Br.ex Wight

砂苋 *Allmania nodiflora* (L.)R.Br.

2. 针叶苋属 *Trichurus* C.C.Townsend

针叶苋 *Trichurus monsoniae* (L.F.)C.C.Townsend

**9. 番杏科 Aizoaceae**

1. 海马齿属 *Sesuvium* L.

海马齿 *Sesuvium portulacastrum* (L.)L.

2. 假海齿属 *Trianthema* L.

假海齿 *Trianthema portulacastrum* L.

**10. 石竹科 Caryophyllaceae**

1. 拟漆姑属 *Spergularia* J.et C.Presl

　拟漆姑 *Spergularia marina* (L.) Griseb

**11. 毛茛科 Ranunculaceae**

1. 碱毛茛属 *Halerpestes* Greene

　长叶碱毛茛 *Halerpestes ruthenica* (Jacq.)Ovcz.

　碱毛茛 *Halerpestes sarmentosa* Adans

　三裂碱毛茛 *Halerpestes tricuspis* (Maxim.)Hand.-Mazz.

　丝裂碱毛茛 *Halerpestes filisecta* L.Liou

**12. 莲叶桐科 Hernandiaceae**

1. 莲叶桐属 *Hernandia* L.

　莲叶桐 *Hernandia sonora* L.

**13. 十字花科 Cruciferae**

1. 独行菜属 *Lepidium* L.

　心叶独行菜 *Lepidium cordatum* Willd.ex Stev.

　碱独行菜 *Lepidium cartilagineum* (J.May) Thell

　宽叶独行菜 *Lepidium lattfolium* L.

2. 双脊荠属 *Dilophia* T.Thoms.

　盐泽双脊荠 *Dilophia salsa* Thoms.

3. 盐芥属 *Thellungiella* O.E.Schulz

　盐芥 *Thellungiella salsuginea* (Pall.)O.E.Schulz

　小盐芥 *Thellungiella halophila* (C.A.Mey.)O.E.Schulz

**14. 蔷薇科 Rosaceae**

1. 绵刺属 *Potaninia* Maxim.

　绵刺 *Potaninia mongolica* Maxim.

2. 委陵菜属 *Potentilla* L.

　覆瓦委陵菜 *Potentilla imbricata* Kar.et Kir.

3. 山莓草属 *Sibbaldia* L.

　伏毛山莓草 *Sibbaldia adpressa* Bge.

**15. 豆科 Leguminosae**

1. 槐属 *Sophora* L.

　苦豆子 *Sophora alopecuroides* L.

2. 坡油甘属 *Smithia* Ait.

　盐碱土坡油甘 *Smithia salsuginea* Hance

3. 骆驼刺属 *Alhagi* Desvaux

　骆驼刺 *Alhagi sparsifolia* Shap.ex Kell.et Shap.

4. 山蚂蝗属 *Desmodium* Desv.

　赤山蚂蝗 *Desmodium rubrum* (Lour.)DC.

5. 水黄皮属 *Pongamia* Vent.

　水黄皮 *Pongamia pinnata* (L.)Merr.

6. 鱼藤属 *Derris* Lour.

　鱼藤 *Derris trifoliata* Lour.

7. 大豆属 *Glycine* L.

　野大豆 *Glycine soja* Sieb.et Zucc.

8. 刀豆属 *Canavalia* DC.

　狭刀豆 *Canavalia lineata* (Thunb.)DC.

　海刀豆 *Canavalia maritima* (Aubl.)Thou.

9. 车轴草属 *Trifolium* L.

　草莓车轴草 *Trifolum fragiferum* L.

10. 草木樨属 *Melilotus* Adons

　细齿草木樨 *Melilotus dentatus* (Waldsf.et Kitag.)Pers.

　白花草木樨 *Melilotus albus* Medik

11. 铃铛刺属 *Halimodendron* Fisch.

　铃铛刺 *Halimodendron halodendron* (Pall.)Voss.

12. 香豌豆属 *Lathyrus* L.

　海边香豌豆 *Lathyrus maritimus* (L.)Bigel.

13. 木蓝属 *Indigofera* L.

　九叶木蓝 *Indigofera enneaphylla* L.

14. 田菁属 *Sesbania* Scop.

　田菁 *Sesbania cannabina* (Retz.)Pers.

15. 苦马豆属 *Sphaerophysa* DC.

　苦马豆 *Sphaerophysa salsula* (Pall.)DC.

16. 甘草属 *Glycyrrhiza* L.

　腺荚甘草 *Glycyrrhiza korshinskii* G.Grig.

　甘草 *Glycyrrhiza uralensis* Fisch.

　刺果甘草 *Glycyrrhiza pallidiflora* Maxim.

　圆果甘草 *Glycyrrhiza squamulosa* Franch.

　光甘草 *Glycyrrhiza glabra* L.

　胀果甘草 *Glycyrrhiza inflata* Bat.

17. 棘豆属 *Oxytropis* DC.

　小花棘豆 *Oxytropis glabra* (Lam.)DC.

18. 黄耆属 *Astragalus* L.

　环荚黄耆 *Astragalus contortuplicatus* L.

　华黄耆 *Astragalus chinensis* L.

　长尾黄耆 *Astragalus alopecias* Pall.

　纹茎黄耆 *Astragalus sulcatus* L.

　斜茎黄耆 *Astragalus adsurgens* Pall.

托克逊黄耆 *Astragalus toksunensis* S.B.Ho

毛冠黄耆 *Astragalus roseus* Ledeb.

盐生黄耆 *Astragalus salsugineus* Kar.et Kir.var.multijugus S.B.Ho

19. 米口袋属 *Gueldenstaedtia* Fisch.

海滨米口袋 *Gueldenstaedtia maritima* Maxim.

## 16. 蒺藜科 *Zygophyllaceae*

1. 白刺属 *Nitraria* L.

小果白刺 *Nitraria sibirica* Pall.

白刺 *Nitraria tangutorum* Bobr.

2. 骆驼蓬属 *Peganum* L.

骆驼蓬 *Peganum harmala* L.

3. 驼蹄瓣属 *Zygophyllum* L.

大叶驼蹄瓣 *Zygophyllum macropodum* Boriss

长果驼蹄瓣 *Zygophyllum jaxarticum* M.Pop

粗茎驼蹄瓣 *Zygophyllum loczyi* Ranitz

翼果驼蹄瓣 *Zygophyllum pterocarpum* Bge.

## 17. 芸香科 Rutaceae

1. 拟芸香属 *Haplophyllum* Adr.Juss.

大叶拟芸香 *Haplophyllam perforatum* Kar.et Kir.

## 18. 苦木科 Simaroubaceae

1. 海人树属 *Suriana* L.

海人树 *Suriana maritima* L.

## 19. 楝科 Meliaceae

1. 木果楝属 *Xylocarpus* Koenig.

木果楝 *Xylocarpus granatum* Koenig.

## 20. 大戟科 Euphorbiaceae

1. 海漆属 *Excoecaria* L.

海漆 *Excoecaria agallocha* L.

2. 大戟属 *Euphorbia* L.

准噶尔大戟 *Euphorbia songarica* Boiss.

海滨大戟 *Euphorbia atota* Forst.f.

## 21. 无患子科 Sapindaceae

1. 异木患属 *Allophylus* L.

海滨异木患 *Allophylus timorenlsis* (DC.)Bl.

2. 车桑子属 *Dodonaea* Miller

车桑子 *Dodonaea viscosa* (L.)Jacq.

## 22. 锦葵科 Malvaceae

1. 蜀葵属 *Althaea* L.

药蜀葵 *Althaea rosea* (Linn.)Cavan.

2. 木槿属 *Hibiscus* L.

黄槿 *Hibiscus tiliaceus* L.

3. 桐棉属 *Thespesia populnea* (L.)Soland.ex Corr.

长梗桐棉 *Thespesia howii* S.Y.Hu

## 23. 梧桐科 Sterculiaceae

1. 银叶树属 *Heritiera* Dryand.

银叶树 *Heritiera littoralis* Dryand.

## 24. 藤黄科 Guttiferae

1. 红厚壳属 *Calophyllum* L.

红厚壳 *Calophyllum inophyllum* L.

## 25. 瓣鳞花科 Frankeninaceae

1. 瓣鳞花属 *Frankenia* L.

瓣鳞花 *Frankenia pulverulenta* L.

## 26. 柽柳科 Tamaricaceae

1. 红砂属 *Reaumuria* L.

红砂 *Reaumuria songarica* (Pall.) Maxim.

五柱红砂 *Reaumuria kaschgarica* Rupr.

2. 柽柳属 *Tamarix* L.

长穗柽柳 *Tamarix elongata* Ledeb.

短穗柽柳 *Tamarix laxa* Willd.

白花柽柳 *Tamarix androssowii* Litv.

翠枝柽柳 *Tamarix gracilis* Willd.

甘肃柽柳 *Tamarix gansuensis* H.Z.Zhang

莎车柽柳 *Tamarix sachuensis* P.Y.Zhang et M.F.Liu

盐地柽柳 *Tamarix karelinii* Bge.

刚毛柽柳 *Tamarix hispida* Willd.

细穗柽柳 *Tamarix leptostachys* Bge.

多花柽柳 *Tamarix hohenackeri* Bge.

柽柳 *Tamarix chinensis* Lour

甘蒙柽柳 *Tamarix austromongolica* Nakai

多枝柽柳 *Tamarix ramosissima* Ledeb.

## 27. 胡颓子科 Elaeagnaceae

1. 胡颓子属 *Elaeagnus* L.

沙枣 *Elaeagnus angustifolia* L.

## 28. 千屈菜科 Lythraceae

1. 水芫花属 *Pemphis* Forst.

水芫花 *Pemphis acidula* J.R.et Forst

**29. 海桑科 Sonneratiaceae**

1. 海桑属 *Sonneratia* L.

　　海桑 *Sonneratia caseolaris* (L.)Engl.

　　杯萼海桑 *Sonneratia alba* J.Smith.

　　海南海桑 *Sonneratia hainanensis* K.E.Chen et S.Y.Chen

**30. 玉蕊科 Lecythidaceae**

1. 玉蕊属 *Barringtonia* J.R.et Forst.

　　玉蕊 *Barringtonia racemosa* (L.)Spreng.

　　滨玉蕊 *Barringtonia asiatica* (L.)Kurz.

**31. 红树科 Rhizophoraceae**

1. 红树属 *Rhizophora* L.

　　红树 *Rhizophora apiculata* Bl.

　　红茄 *Rhizophora mucronata* Poir.

　　红海兰 *Rhizophora stylosa* Griff.

2. 角果木属 *Ceriops* Arn.

　　角果木 *Ceriops tagal* (Perr.)C.B.Rob.

3. 秋茄树属 *Kandelia* Wihght et Arn.

　　秋茄树 *Kandelia candel* (L.)Druce

4. 木榄属 *Bruguiera* Lamk.

　　木榄 *Bruguiera gymnorrhiza* (L.)Poir.

　　海莲 *Bruguiera sexangula* (Lour.)Poir.

　　柱果木榄 *Bruguiera cylindrica* (L.)Bl.

**32. 使君子科 Combretaceae**

1. 榄李属 *Lumnitzera* Willd.

　　红榄李 *Lumnitzera littorea* (Jack.)Voigh.

2. 诃子属 *Terminalia* L.

　　榄仁树 *Terminalia catappa* L.

**33. 柳叶菜科 Onagraceae**

1. 月见草属 *Oenothera* L.

　　海边月见草 *Oenothera littaralis* Schlect.

**34. 伞形科 Umbelliferae**

1. 泽芹属 *Sium* L.

　　新疆泽芹 *Sium sisaroideum* DC.

2. 蛇床属 *Cnidium* Cuss.

3. 珊瑚菜属 *Glehnia* F.Schmidt.

　　珊瑚菜 *Glehnia littoralis* F.Schmidt.

4. 前胡属 *Peucedanum* L.

　　滨海前胡 *Peucedanum japonicum* Thunb.

5. 西凤芹属 *Seseli* L.

　　毛序西凤芹 *Seseli eriocephalum* (Pall.)Schk.

6. 球根芹属 *Schumannia* Kuntze

　　球根芹 *Schumannia karelinii* (Bge.)Korov.

**35. 紫金牛科 Myrsinaceae**

1. 蜡烛果属 *Aegiceras* Gaertn.

　　蜡烛果 *Aegiceras corniculatum* (L.)Blanco.

**36. 报春花科 Primulaceae**

1. 珍珠菜属 *Lysimachia* L.

　　海滨珍珠菜 *Lysimachia mauritiana* Lam.

2. 海乳草属 *Glaux* L.

　　海乳草 *Glaux maritima* L.

**37. 白花丹科 Plumbaginaceae**

1. 补血草属 *Limonium* Mill.

　　补血草 *Limonium sinense* (Girard) Kuntz.

　　二色补血草 *Limonium bicolor* (Bge.)Kuntz.

　　烟台补血草 *Limonium franchetii* (Debx.)Kuntz.

　　海芙蓉 *Limonium wrightii* (Hance) Kuntz.

　　细枝补血草 *Limonium tenellum* (Turcz.)Kuntz.

　　黄花补血草 *Limonium aureum*(L.)Hill.

　　耳叶补血草 *Limonium otolepis* (Sohreuk)Kuntz.

　　珊瑚补血草 *Limonium coralloides* (Tausch.)Lincz.

　　繁枝补血草 *Limonium myrianthum* (Schrenk.)Kuntz.

　　大叶补血草 *Limonium gmelinii* (Willd.)Kuntz.

　　木本补血草 *Limonium suffruticosum* (L.)Kuntz.

**38. 马钱科 Loganiaceae**

1. 尖帽草属 *Mitrasacme* Labil.

　　尖帽草 *Mitrasacme indica* Wright

**39. 夹竹桃科 Apocynaceae**

1. 海果属 *Cerbera* L.

　　海果 *Cerbera manghas* L.

2. 罗布麻属 *Apocynum* L.

　　罗布麻 *Apocynum venetum* L.

3. 白麻属 *Poacynum* Bail.

　　白麻 *Poacynum pictum* (Schrenk)Bail.

　　大叶白麻 *Poacynum hendersonii* (Hook.f.) Woodson.

**40. 萝科 Asclepiadaceae**

1. 海岛藤属 *Gymnanthera* R.Br.

海岛藤 *Gymnanthera nitida* R.Br.

2. 鹅绒藤属 *Cynanchum* L.

鹅绒藤 *Cynanchum chinense* R.Br.

海岛杯冠藤 *Cynanchum insulanum* (Hance) Hemsl.

3. 娃儿藤属 *Tylophora* R.Br.

老虎须 *Tylophora arenicola* Merr.

### 41. 旋花科 Convolvulaceae

1. 打碗花属 *Calystegia* R.Br.

肾叶打碗花 *Calystegia soldanella* (L.) R.Br.

2. 番薯属 *Ipomoea* L.

羽叶薯 *Ipomoea polymorpha* Roem.et Schult.

虎掌藤 *Ipomoea pes-tigridis* L.

小心叶薯 *Ipomoea obscura* (L.) Ker-Gawl.

厚藤 *Ipomoea pes-caprae* (L.) Sweet.

假厚藤 *Ipomoea stolonifera* (Cyrillo) J.F.Gmel.

南沙薯藤 *Ipomoea gracilis* R.Br.

管花藤 *Ipomoea tuba* (Sohlecht.) G.Don.

3. 腺叶藤属 *Stictocardia* Hall.f.

腺叶藤 *Stictocardia tiliaefolia* (Desr.)Hall.f

### 42. 紫草科 Boraginaceae

1. 双柱紫草属 *Coldenia* L.

双柱紫草 *Coldenia procumberns* L.

2. 天芥菜属 *Heliotropium* L.

小花天芥菜 *Heliotropium micranthum* (Pall.)Bge.

大苞天芥菜 *Heliotropium marifolium* Retz.

3. 砂引草属 *Messerschmidia* L.

砂引草 *Messerschmidia sibirica* L.

银毛树 *Messerschmidia argentaa* (L.F.) Johmt.

4. 弯果鹤虱属 *Rochelia* Reichb.

弯果鹤虱 *Rochelia retorta* (Pall.) Lipsky

5. 腹脐草属 *Gastrocotyle* Bge.

腹脐草 *Gastrocotyle hispida* (Forsk) Bge.

6. 假狼紫草属 *Nonea* Medic.

假狼紫草 *Nonea caspica* (Willd.) G.Don.

7. 琉璃草属 *Cynoglossum* L.

绿花琉璃草 *Cynoglossum viridiflorum* Pall.et Lehm.

8. 滨紫草属 *Mertensia* Roth.

滨紫草 *Mertensia asiatica* (Takeda) Maobrid.

### 43. 马鞭草科 Verbenaceae

1. 海榄雌属 *Avicennia* L.

2. 大青属 *Clerodendrum* L.

苦朗树 *Clerodendrum inerme* (L.) Gaertn.

3. 牡荆属 *Vitex* L.

单叶蔓荆 *Vitex trifolia* L.var.*simplicifolia* Clam.

### 44. 唇形科 Labiatae

1. 筋骨草属 *Ajuga* L.

网果筋骨草 *Ajuga dictyocarpa* Hayata

2. 黄芩属 *Scutellaria* L.

沙滩黄芩 *Scutellaria strigillosa* Hemsl.

3. 绣球防风属 *Leucas* R.Br.

滨海白绒草 *Leucas chinensis* (Retz.)R.Br.

线叶白绒草 *Leucas lavandulifolia* Smith.

绉面草 *Leucas zeylanica* (L.)R.Br.

### 45. 茄科 Solanaceae

1. 枸杞属 *Lycium* L.

黑果枸杞 *Lycium ruthenicum* Murr.

新疆枸杞 *Lycium dasystemum* Pojark.

枸杞 *Lycium chinense* Mill.

宁夏枸杞 *Lycium barbarum* L.

### 46. 玄参科 Scrophulariaceae

1. 柳穿鱼属 *Linaria* Mill.

海滨柳穿鱼 *Linaria japonica* Miq.

2. 野胡麻属 *Dodartia* L.

野胡麻 *Dodartia orientalis* L.

3. 火焰草属 *Castilleja* Mutis ex L.f.

火焰草 *Castilleja pallida* (L.)Kunth

4. 疗齿草属 *Odontites* Ludwig

疗齿草 *Odontites serotina* (Lam.)Dum.

### 47. 紫葳科 Bignoniaceae

1. 猫尾木属 *Dolichandrone* (Ϝenzl)Seem.

海滨猫尾木 *Dolichandrone spathaceae* (L.f.)K.Schum.

### 48. 列当科 Orobanchaceae

1. 肉苁蓉属 *Cistanche* Hoffmg.et Link

盐生肉苁蓉 *Cistanche salsa* (C.A.Mey.)G.Beck

深裂肉苁蓉 *Cistanche fissa*(C.A.Mey.)G.Beck

2. 列当属 *Orobanche* L.

美丽列当 *Orobanche amoena* C.A.Mey.

### 49. 爵床科 Acanthaceae

1. 老鼠属 *Acanthus* L.

小花老鼠 *Acanthus ebracteatus* Vahl.

### 50. 苦槛蓝科 Myoporaceae

1. 苦槛蓝属 *Myoporum* Bonk et Sol.

苦槛蓝 *Myoporum bontioides* (Sieb.et Zucc.)A.Gray

### 51. 车前科 Plantaginaceae

1. 车前属 *Plantago* L.

线叶车前 *Plantago aristata* Michx.

盐生车前 *Plantogo maritima* L.var.*salsa* (Pall.)Pilger

巨车前 *Plontago maxima* Juss.ex Jacq.

角车前 *Plantago cornuti* Gouen

### 52. 茜草科 Rubiaceae

1. 瓶花木属 *Scyphiphora* Gaertn.f.

瓶花木 *Scyphiphora hydrophyllacea* Gaertn.f.

### 53. 草海桐科 Goodeniaceae

1. 草海桐属 *Scaevola* L.

小海桐 *Scaevola hainanensis* Hance

草海桐 *Scaevola sericea* Vahl

### 54. 菊科 Compositae

1. 碱菀属 *Tripolium* Nees.

碱菀 *Tripolium vulgare* Nees.

2. 短星菊属 *Brachyactis* Ledeb.

短星菊 *Brachyactis ciliata* Ledeb.

3. 阔苞菊属 *Pluchea* Cass.

光梗阔苞菊 *Pluchea pteropoda* Hemsl.

阔苞菊 *Pluchea indica* (L.)Less.

4. 花花柴属 *Karelinia* Less.

花花柴 *Karelinia caspia* (Pall.)Less.

5. 蜡菊属 *Helichrysum* Mill.

沙生蜡菊 *Helichrysum arenarium* (L.)Moench.

6. 旋覆花属 *Inula* L.

里海旋覆花 *Inula caspica* Bl.

7. 菊属 *Dendranthema* (DC.)Des Moul

野菊 *Dendranthema indicum* (L.)Des Moul

8. 匹菊属 *Pyrethrum* Zinn.

黑苞匹菊 *Pyrethrum krylovianum* Krasch.

9. 蒿属 *Artemisia* L.

碱蒿 *Artemisia anethifolia* Web.ex Stechm.

莳萝蒿 *Artemisia anethoides* Mattf.

海州蒿 *Artemisia fauriei* Nakai

东北丝裂蒿 *Artemisia adamsii* Bess.

米蒿 *Artemisia dalai-lamae* Krasch.

滨艾 *Artemisia fukudo* Makino

滨海牡蒿 *Artemisia littoricola* Kitam.

猪毛蒿（滨蒿）*Artemisia scoparia* Waldst. et Kit

10. 绢蒿属 *Seriphidium* (Bess.) Poljak.

草原绢蒿 *Seriphidium schrenkianum* (Ledeb.)Poljak.

短叶绢蒿 *Seriphidium brevifolium* (Wall.ex DC.)Ling et Y.R.Ling

纤细绢蒿 *Seriphidium gracilescens* (Krasch.et Iljin)Poljak.

费尔干绢蒿 *Seriphidium ferganense* (Krasch.ex Poljak.)Poljak.

西北绢蒿 *Seriphidium nitrosum* (Web.ex Stechm.)Poljak.

小针裂叶绢蒿 *Seriphidium amoenum* (Poljak.)Poljak.

半凋萎绢蒿 *Seriphidium semiaridum* (Krasch.et Lavr.)Ling et Y.R.Ling

帚状绢蒿 *Seriphidium scopiforme* (Ledeb.)Poljak.

11. 橐吾属 *Ligularia* Cass.

大叶橐吾 *Ligularia macrophylla* (Ledeb.)DC.

聚伞状橐吾 *Ligularia thyrsoidea* (Ledeb.)DC.

12. 蓟属 *Cirsium* Mill.emend.scop.

准噶尔蓟 *Cirsium alatum* (S.G.Gmel.)Bobr.

13. 凤毛菊属 *Saussurea* DC.

碱地凤毛菊 *Saussurea runcinata* DC.

裂叶凤毛菊 *Saussurea laciniata* Ledeb.

草地凤毛菊 *Saussurea amara* (L.)DC.

平卧凤毛菊 *Saussurea prostrata* C.Winkl.

粗壮凤毛菊 *Saussurea robusta* Ledeb.

达乌里毛菊 *Saussurea davurica* Adam.

盐地凤毛菊 *Saussurea salsa* (Pall.)Spreng.

14. 鸦葱属 *Scorzonera* L.

蒙古鸦葱 *Scorzonera mongolica* Maxim.

光鸦葱 *Scorzonera parviflora* Jacq.

细叶鸦葱 *Scorzonera pusilla* Pall.

15. 蒲公英属 *Taraxacum* L.

双角蒲公英 *Taraxacum bicorne* Dahlst.

窄苞蒲公英 *Taraxacum bessarabicum* (Hornem.)Hand.-Mazz.

华蒲公英 *Taraxacum sinicum* Kitag.

多裂蒲公英 *Taraxacum dissectum* (Ledeb.)Ledeb.

16. 假小喙菊属 *Paramicrorhynchus* Kirp.

假小喙菊 *Paramicrorhynchus procumbens* (Roxb.)Kirp.

17. 黄鹌菜属 *Youngia* Cass.

碱黄鹌菜 *Youngia stenoma* (Turcz.)Ledeb.

18. 乳苣属 *Mulgedium* (Cass.)L.

乳苣 *Mulgedium tataricum* (L.)DC.(Lactuca tatarica (L.)C.A..Mey)

19. 沙苦荬菜属 *Chorisis* DC.

沙苦荬菜 *Chorisis repens* (L.)DC.

## 55. 露兜树科 Pandanaceae

1. 露兜树属 *Pandanus* L.f.

露兜树 *Pandanus tectorius* Sol.

## 56. 眼子菜科 Potamogetonaceae

1. 川蔓藻属 *Ruppia* L.

川蔓藻 *Ruppia rostellata* Koeh.

2. 大叶藻属 *Zostera* L.

大叶藻 *Zostera marina* L.

具茎大叶藻 *Zostera coulescens* Miki

宽叶大叶藻 *Zostera asiatica* Miki

丛生大叶藻 *Zostera caespitosa* Miki

矮大叶藻 *Zostera japonica* Aschers

3. 虾海藻属 *Phyllospadix* Hook.

红纤维虾海藻 *Phyllospadix iwatensis* Makino

黑纤维虾海藻 *Phyllospadix japonica* Makino

4. 波喜荡属 *posidonia* Konig

波喜荡 *Posidonia australis* Hook.f.

5. 二药藻属 *Halodule* Enal.

二药藻 *Halodule uninervis* (Forsk.)Asch.

羽叶二药藻 *Halodule pinifolia* (Miki)Hartog

6. 针叶藻属 *Syringodium* Kutz.

针叶藻 *Syringodium isoetifolium* (Asch.)Dandy

## 57. 茨藻科 Najadaceae

1. 丝粉藻属 *Cymodocea* Koenig

丝粉藻 *Cymodocea rotundata* Asch.et Schwainf.

2. 角果藻属 *Zannichellia* L.

角果藻 *Zannichellia* palustris L.

## 58. 水麦冬科 Juncaginaceae

1. 水麦冬属 *Triglochin* L.

海韭菜 *Triglochin maritimum* L.

水麦冬 *Triglochin palustre* L.

## 59. 水鳖科 Hydrocharitaceae

1. 喜盐草属 *Halophila* Thou.

喜盐草 *Halophila ovalis* (R.Br.)Hook.f.

小喜盐草 *Halophila minor* (Zool.)Hartog

贝克喜盐草 *Halophila beccarii* Asch.

2. 海菖蒲属 *Enhalus* Rich.

海菖蒲 *Enhalus acoroides* (L.f.)L.C.Rich.ex Steud.

3. 泰来藻属 *Thalassia* Solond.

泰来藻 *Thalassia hemperichii* (Ehrenb.)Aschers.

## 60. 禾本科 Poaceae

1. 芦苇属 *Phragmites* Adons.

芦苇 *Phragmites australis* (Cav.)Trin.

2. 獐毛属 *Aeluropus* Trin.

獐毛 *Aeluropus sinensis* (Debeaux)Tzvel.

小獐毛 *Aeluropus pungens* (M.Bieb.)C.Koch

3. 鼠尾粟属 *Sporobolus* R.Br.

盐地鼠尾粟 *Sporobolus virginicus* (L.)Kunth

4. 隐花草属 *Crypsis* Ait.

隐花草 *Crypsis aculeata* (L.)Ait.

蔺状稳花草 *Crypsis schoenoides* (L.)Lam.

5. 结缕草属 *Zoysia* Willd.

大穗结缕草 *Zoysia macrostachya* Franch.

结缕草 *Zoysia japonica* Steud.

沟叶结楼草 *Zoysia matrella* (L.)Merr.

6. 大米草属 *Spartina* Schreb.ex J.E.Gmel.

大米草 *Spartina anglica* C.E.Hubb.

7. 细穗草属 *Lepturus* R.Br.

细穗草 *Lepturus repens* (G.Forst.)R.Br.

8. 假牛鞭草属 *Parapholis* C.E.Hubb.

假牛鞭草 *Parapholis incurva* (L.)C.E.Hubb.

9. 赖草属 *Leymus* Hochst

多枝赖草 *Leymus multicaulis* (Kar.et.Kir.)Tzvel.

毛穗赖草 *Leymus paboanus* (Claus) Pilger

滨麦 *Leymus mollis* (Trin.) Hara

羊草 *Leymus chinensis* (Trin.) Tzvel.

赖草 *Leymus secalinus* (Georgi)Tzvel.

窄颖赖草 *Leymus angustus* (Trin.)Pilger

科佩特赖草 *Leymus kopetdaghensis* (Roshev.)Tzvel.

10. 大麦属 *Hordeum* L.

短芒大麦草 *Hordeum brevisubulatum* (Trin.) Link

小药大麦草 *Hordeum roshevitzii* Bowd.

布顿大麦草 *Hordeum bogdonii* Wilensky

11. 碱茅属 *Puccinellia* Parl.

大药碱茅 *Puccinellia macranthera* Krecz.

星星草 *Puccinellia tenuiflora* (Griseb.)Scribn.et Merr.

鹤甫碱茅 *Puccinellia hauptiana* (Trin.)Krecz.

碱茅 *Puccinellia distans* (Jacq.)Parl.

微药碱茅 *Puccinellia micrandra* (Keng) Keng

12. 硬草属 *Sclerochloa* Beauv.

硬草 *Sclerochloa kengiana* (Ohwi)Tzvel.

13. 芨芨草属 *Achnatherum* Beauv.

芨芨草 *Achnatherum splendens* (Trin.)Nevski

14. 黍属 *Panicum* L.

铺地黍 *Panicum repens* L.

15. 雀稗属 *Paspalum* L.

海雀稗 *Paspalum vaginatum* SW.

16. 马唐属 *Digitaria* Hall.

绒马唐 *Digitaria mollicoma* (Kunth) Henr.

二型马唐 *Digitaria heterantha* (Hook.f.)Merr.

异马唐 *Digitaria bicornis* (Lam.)Roem.et Schult.

17. 蒺藜草属 *Cenchrus* L.

光梗蒺藜草 *Cenchrus calyculatus* Cav.

18. 雷草属 *Thuarea* Pers.

雷草 *Thuarea involuta* (Forst.)R.Br.ex Roem.et Schult.

19. 鬣刺属 *Spinifex* L.

老鼠 *Spinifex littoreus* (Burm.f.)Merr.

20. 鸭嘴草属 *Ischaemum* L.

毛鸭嘴草 *Ischaemum antephoroides* (Steud.)Miq.

21. 束尾草属 *Phacelurus* Griseb.

束尾草 *Phacelurus latifolius* (Steud.)Ohwi

**61. 莎草科 Cyperaceae**

1. 藨草属 *Scirpus* L.

扁秆藨草 *Scirpus planiculmis* Fr.Schmidt.

球穗藨草 *Scirpus strobilinus* Roxb.

海三棱藨草 *Scirpus mariqueter* Tang et Wang

新华藨草 *Scirpus neochinensis* Tang et Wang

2. 飘拂草属 *Fimbristylis* Vahl.

绢毛飘拂草 *Fimbristylis sericea* (Poir.)R.Br.

锈鳞飘拂草 *Fimbristylis ferrugineae* (L.)Vahl.

细叶飘拂草 *Fimbristylis polytrichoides* (Retz.)Vahl.

3. 海滨莎属 *Remirea* Aubl.

海滨莎 *Remirea maritima* Aubl.

4. 莎草属 *Cyperus* L.

粗根茎莎草 *Cyperus stoloniferus* Retz.

短叶江芏 *Cyperus malaccensis* Lam.var. *brevifolius* Bocklr.

5. 水莎草属 *Juncellus* (Griseb.)C.B.Clarke

花穗水莎草 *Juncellus pannonicus* (Jacq.)C.B.Clarke

6. 砖子苗属 *Mariscus* Gaertn.

羽状穗砖子苗 *Mariscus javanicus* (Houtt.)Merr.

7. 苔草属 *Carex* L.

筛草 *Carex kobomugi* Ohwi

走茎苔草 *Carex reptabunda* (Trautv.)V.Krecz.

矮生苔草 *Carex pumila* Thunb.

糙叶苔草 *Carex scabrifolia* Steud.

**62. 棕榈科 Palmae**

1. 水椰属 *Nypa* Steck

水椰 *Nypa fruticans* Wurmb.

**63. 帚灯草科 Restionaceae**

1. 薄果草属 *Leptocarpus* R.Br.

薄果草 *Leptocarpus disjunctus* Mast.

**64. 鸭跖草科 Commelinaceae**

1. 水竹叶属 *Mardannia* Royle

细柄水竹叶 *Mardannia vaginata* (L.)Brueckn

**65. 百合科 Liliaceae**

1. 天门科属 *Asparagus* L.

西北天门冬 *Asparagus persicus* Baker.

**66. 鸢尾科 Iridaceae**

1. 鸢尾属 *Iris* L.

喜盐鸢尾 *Iris halophila* Pall.

马蔺 *Iris lactea* Pall.var.*chinensis* (Fisch.)Koidz.

# 后记

　　本书的众多作者前后历经三年多的时间，跋涉山东、江苏、广东、福建、天津、黑龙江、宁夏、青海、甘肃、内蒙、新疆等 11 个省（区），总行程 7 万 6 千余公里，共拍摄盐生植物图片 6870 余张，野外调查盐生植物 727 种，其中本书选用富有价值的共 335 种。这将为盐渍化土地区园林观赏植物的引种及驯化工作提供了极大的便利。

　　在本书即将面世之际，不能不提到本书责任编辑郑淮兵先生对本书稿进行了反复、认真的修改和校对，付出了大量的心血，并提出了很好的建议，对本书进行了优化。特在此表示衷心的谢意。

编著者

2012 年 06 月 15 日

于泰山